南水北调中线工程特殊性岩土地质环境与环境地质概论

杨计申　李德群　边建峰　闫　宇　著

黄河水利出版社

内 容 提 要

　　南水北调中线工程是一项举世瞩目的跨流域、长距离调水工程,勘测设计工作历时 20 余载,取得了丰硕的成果。本书主要针对南水北调中线工程中黄土类土、膨胀土这一特殊性岩土和采空区特殊地质条件,从地质环境与环境地质角度,阐述了工程勘察的技术思路和研究方向,旨在为解决具体的工程地质问题提供帮助。

　　本书可供从事水利水电工程地质、设计、科研和建设工作者阅读参考。

图书在版编目(CIP)数据

南水北调中线工程特殊性岩土地质环境与环境地质概论/杨计申等著. —郑州:黄河水利出版社,2009.8
ISBN 978 - 7 - 80734 - 683 - 8

Ⅰ. 南… Ⅱ. 杨… Ⅲ. ①南水北调 - 水利工程 - 岩土工程 - 工程地质 - 研究②南水北调 - 水利工程 - 环境地质学 - 研究 Ⅳ. TV68 P642.42 X141

中国版本图书馆 CIP 数据核字(2009)第 121800 号

组稿编辑:王路平 电话:0371 - 66022212 E-mail:hhslwlp@126.com

出 版 社:黄河水利出版社
地址:河南省郑州市顺河路黄委会综合楼 14 层 邮政编码:450003
发行单位:黄河水利出版社
发行部电话:0371 - 66026940、66020550、66028024、66022620(传真)
E-mail:hhslcbs@126.com
承印单位:河南省瑞光印务股份有限公司
开本:787 mm × 1 092 mm 1/16
印张:10
字数:230 千字 印数:1—1 000
版次:2009 年 8 月第 1 版 印次:2009 年 8 月第 1 次印刷
定价:29.00 元

前　言

　　水利水电工程地质勘察，是水利水电工程设计和施工极为重要的基础工作，在工程建设活动中具有举足轻重的地位和作用。南水北调中线工程为一跨流域、长距离输水的大型水利工程，穿越不同类型的地质环境，设有桥、涵、闸、洞等众多交叉建筑物，不但增加了地质勘察工作的难度，而且对地质勘察工作的深度、精度提出了更高的要求。因此，如何运用适宜的地质勘察技术、理论和方法，在深化地质勘察工作深度和精度的同时，使地质环境评价的依据向定量化发展，成为工程地质师努力的方向。

　　为此，作者将南水北调中线工程遇到的黄土类土、膨胀土特殊性岩土和采空区特殊地质条件，利用已有的翔实地质勘察资料和作者调查成果，从分析岩土体的微结构入手，反演岩土体的成生环境，进而分析特殊性岩（土）体的物理力学特征，总结其工程特性，提出相应的地质工程建议等。依此，分析工程的地质环境，预测环境地质问题，评价地质工程的有效性。

　　在本书编写过程中，得到了长江水利委员会长江勘测规划设计研究院、河南省水利勘测总队、河北省水利水电勘测设计研究院及第二勘测设计研究院领导和专家的大力支持与帮助，得到了中水北方勘测设计研究有限责任公司勘察院领导和同事们的大力帮助，在此一并表示诚挚的谢意！

　　由于我们的水平所限，错误难免，敬请读者批评指正。

作　者

2009 年 5 月

目　录

前　言

第1章　黄土类土渠道工程地质 ……………………………………… （1）

　1.1　黄土类土分布及研究概况 ……………………………………… （1）

　1.2　黄土类土工程地质特性 ………………………………………… （2）

　1.3　黄土类土主要工程地质问题 …………………………………… （34）

　1.4　水在土体中的渗透理论 ………………………………………… （44）

　1.5　黄土状土渠道工程土体加固 …………………………………… （51）

第2章　膨胀土渠道工程地质 ………………………………………… （62）

　2.1　概　述 …………………………………………………………… （62）

　2.2　膨胀土的分布和成因类型 ……………………………………… （62）

　2.3　膨胀土的物质组成 ……………………………………………… （63）

　2.4　膨胀土的矿物化学成分 ………………………………………… （67）

　2.5　膨胀土结构特征 ………………………………………………… （73）

　2.6　膨胀土工程地质特性 …………………………………………… （78）

　2.7　膨胀土试验与研究 ……………………………………………… （99）

　2.8　膨胀土土体结构特征研究 ……………………………………… （107）

　2.9　膨胀土渠坡破坏形式研究 ……………………………………… （109）

　2.10　膨胀土体物理力学参数取值分析 …………………………… （112）

　2.11　膨胀土工程地质勘察 ………………………………………… （114）

　2.12　膨胀土渠坡土体防护加固 …………………………………… （116）

第3章　采空区地质环境与环境地质 ………………………………… （135）

　3.1　概　述 …………………………………………………………… （135）

　3.2　煤炭系统对采空区稳定性评价 ………………………………… （136）

　3.3　铁路系统对采空区稳定性评价 ………………………………… （137）

　3.4　公路系统对采空区稳定性评价 ………………………………… （137）

　3.5　采空区建筑场地适宜性评价原则 ……………………………… （138）

　3.6　采空区水利工程适宜性评价 …………………………………… （138）

　3.7　采空区工程地质勘察 …………………………………………… （144）

　3.8　采空区变形预防与加固处理 …………………………………… （146）

第4章　结　语 ………………………………………………………… （149）

　4.1　黄土类土 ………………………………………………………… （149）

　4.2　膨胀土 …………………………………………………………… （149）

　4.3　煤矿采空区 ……………………………………………………… （149）

参考文献 ………………………………………………………………… （151）

第1章　黄土类土渠道工程地质

1.1　黄土类土分布及研究概况

　　黄土类土是在一定的自然地理作用下,由不同的物质来源,受不同的地质作用,分布在不同地貌单元上的多种成因类型的堆积物。主要分布在北纬30°~48°,尤以北纬34°~45°最为发育;从下更新世(Q_1)开始,其堆积过程直至目前仍未结束。

　　一般认为,黄土类土包括典型黄土和黄土状土。典型黄土又称原生黄土,以黄色或褐黄色的粉粒为主,富含碳酸钙且有大孔隙,垂直节理发育,具有浸湿后土体显著沉陷的特性——湿陷性;与之相似但缺少个别特性的土称之为黄土状土,是在原生黄土基础上,经过二次搬运堆积而成,故又可称为次生黄土。

　　黄土类土因其分布广、厚度大、成因复杂和性质特殊,而与工程建设活动关系密切。水利工程因地表水或地下水环境的客观存在,在与土的作用关系及其产生的结果上,地质环境与环境地质问题无疑是复杂和严重的,直接关系着水利工程的安全运行。

　　南水北调中线工程由南向北依次展布于伏牛山、嵩山、太行山山前地带或山地与平原之间的过渡带。该地带为黄土高原东部的外围区域,广泛分布来源于黄土高原的黄土状土。由于不同地段气候条件、距物源距离和搬运形式以及堆积环境的差异,不仅使黄土状土发育程度、堆积厚度有较大变化,而且物质组成、结构特征和工程特性等也有较大不同。

　　如黄河以南郑州附近的黄土状土,地貌特征上为黄土高原的东延部分,但在古土壤发育程度、黄土厚度和物质组成及结构特征等方面,有着显著区别于典型黄土的自身特点。黄河以北及其他黄土状土分布地段,在堆积成土过程中,由于地表水活动的参与,常有粗粒冲洪积物混杂其中,或相互成层或呈透镜状展布,在与其他第四系松散堆积物的接触关系、发育厚度等方面,也有着明显的区别。

　　尽管如此,由于黄土状土地段分布在我国北方干旱和半干旱气候区域内,气候、地表水等自然因素,对在此环境下形成的黄土状土影响程度相对较小,使其依然保存着典型黄土的大部分基本特性。但是,在过去相当长的时期内,人们对黄土状土的工程特性进行全面、系统的研究较少。有鉴于此,本书在黄土定名分类上,沿用黄土类土包括典型黄土和黄土状土的分类。但研究的重点内容为黄土状土,并与典型黄土统称为黄土类土。

　　前人对黄土类土渠道环境地质问题的研究成果表明,黄土类土的工程地质特性,控制着渠道工程的稳定性。因此,查明黄土类土的工程地质特性,是评价渠道工程稳定性、预测发生环境地质灾害的基础和前提。而对于非自重湿陷性黄土状土,研究其工程地质特性及其变化趋势,对于渠道的优化设计是非常重要的。同时,亦是土体加固工程设计的基础工作。

　　为南水北调中线工程的兴建,有关勘测设计和科研单位,对黄土类土开展了研究工作。在此基础上,作者根据渠道工程对地基土体的要求,概括认为对黄土类土研究的主要内容,应包括湿陷性特别是自重湿陷性、土体强度特别是浸水后的强度变化、渗透性,以及影响和控制上述特性的物理状态、物质组成、物理化学性质和结构特征的研究,旨在对渠道工程地质环境进行有针对性地评价,并预测渠道工程环境地质问题。

1.2 黄土类土工程地质特性

1.2.1 物质组成和物理化学特性

众所周知,土的物质组成决定着土体的物理力学性质。西北地区马兰黄土的黏粒含量一般小于10%,胶粒含量仅有6%左右,易溶盐含量却高达300~700 mg/100 g。在剖面上,虽然古土壤层黏粒含量可达12%以上,但由于裂隙发育而形成裂隙黏土体,其透水性相对较强,为局部地下水赋存提供了空间。黄土类土的物质组成则有较大变化,但均以粉粒为主。随着黏粒含量的增加,其黏聚力提高,渗透性减小,湿陷敏感性变弱且起始压力增大。

1.2.1.1 黄土状土

黄河以北的黄土状土,0.1~0.01 mm粒级的极细砂和粗粉土颗粒,占全部颗粒组成的60%~80%,它们在土体中形成骨架结构;<0.005 mm黏粒含量一般可达14%~25%,古土壤中的黏粒含量则高达25%~40%,且主要为<0.002 mm的胶粒。近山麓堆积的黄土状土,>0.25 mm的粒级含量较高,局部还含有砂粒和细砾,一般具有层理,反映了黄土状土粗粒级组成的不均一性,这是黄土状土的一个典型特征。

影响土颗粒胶结程度的碳酸盐含量,与物质来源有关,一般为1.3%~2.7%,局部地段含量高达17.18%~53.82%。靠近石灰岩山区或丘陵区的黄土状土,不仅碳酸盐含量高,还往往含有较多的碳酸钙($CaCO_3$)或石灰岩碎屑。

黄河以南黄土类土,主要分布在黄河岸边长约140 km的邙山—汝河一带,按成因可分为风成黄土、类黄土和次生黄土。在邙山区域,顶部普遍发育一层厚10~15 m的褐黄色松散粉质黄土;下伏厚0.5~0.8 m的黄褐色古土壤层。颗粒组成粗而均匀,<0.005 mm黏粒含量仅有10.1%,<0.002 mm胶粒含量为8.1%,碳酸钙($CaCO_3$)和蒙脱石含量分别为6.77%、6.58%。

与上更新世(Q_3)黄土相比,化学成分有一定的变化。三氧化二铁(Fe_2O_3)含量仅有2.68%,Fe_2O_3/FeO的比值也仅为2.22;游离氧化物主要为三氧化二铁(Fe_2O_3)和三氧化二铝(Al_2O_3),表明成土环境湿热程度较低。黏粒中蒙脱石的含量比值相对较高,其总比表面积仅有81.24 m^2/g,阳离子交换量为13.21 meq/100 g,并且主要交换阳离子为钙离子(Ca^{2+});土的pH值为8.56,呈弱碱性状态;易溶盐含量为0.15 g/100 g,属$HCO_3 \cdot SO_4$—Ca型。

其下伏的古土壤层,在新开挖剖面上呈灰褐色或褐灰色,干燥后呈黄褐色。与黄土相比黏粒含量明显增高,<0.005 mm黏粒含量达16.5%,<0.002 mm的胶粒为14.5%。古土壤化作用,致使长石、云母等硅酸盐剩余含量仅有2.02%,而有机质含量增高至

0.99%，Fe_2O_3/FeO 的比值降至 2.05；土粒比表面积增至 111.47 m^2/g，物理化学活性增高，亲水性增强；易溶盐含量降至 0.11 $g/100\ g$，主要化学成分为 $Ca(HCO_3)_2$。

1.2.1.2 马兰黄土

马兰黄土主要分布在黄河以南的邙山附近。其物质组成和物理化学性质具有典型的上更新世（Q_3）马兰黄土特征，在南水北调中线工程地段并不多见。其 0.05～0.005 mm 粉粒含量较高，尤其是 0.05～0.01 mm 粗粉粒含量超过 50%，最高达 60% 以上；次要粒级为 0.05～0.1 mm 极细砂，含量一般为 25%～35%；<0.005 mm 黏粒含量仅有 8.5%～16.7%，大多在 11%～15%；<0.002 mm 胶粒含量一般为 9%～13%。这与典型黄土的特征是一致的。

马兰黄土中富含碳酸钙（$CaCO_3$），含量一般为 7.5%～12.0%，最高可达 13.94%；pH值为 8.60～9.12。一般认为，碳酸钙（$CaCO_3$）含量的增加，有助于增强土体的固化作用。但因黏粒含量低，土粒比表面积仅 34.14～98.4 m^2/g，阳离子交换量最高为 16.26 $meq/100\ g$，最低为 11.61 $meq/100\ g$，且以钙离子（Ca^{2+}）为主，这就决定了马兰黄土物理化学活性低的特点。

马兰黄土带有棕色或褐色特征，与普遍含有针铁矿物和游离氧化铁有关。三氧化二铁（Fe_2O_3）含量一般为 3.10%～4.29%；游离三氧化二铁（Fe_2O_3）可达 0.96%～1.69%；游离三氧化二铝（Al_2O_3）含量与三氧化二铁（Fe_2O_3）含量相近，多为 0.83%～1.57%。黄土中的游离三氧化二铁（Fe_2O_3）、三氧化二铝（Al_2O_3）和有机质及不定形碳酸钙（$CaCO_3$），共同构成了对黄土的胶结作用。

与全新世（Q_4）黄土类土和古土壤相比，马兰黄土有机质含量偏低，一般为 0.3%～0.5%，最低仅 0.11%，最高也只有 0.75%。由于大气降水或地表水的作用，含盐量由黄河向北、向南都有大幅减少的趋势，而邙山地段黄土的含盐量为 113.89～193.95 $mg/100\ g$，反映了原生黄土高含盐量的基本特征。

马兰黄土中往往发育数层厚度一般小于 1 m 的古土壤层。在湿润气候下形成的古土壤层，不仅改变了自身的物理化学性质，同时也影响了下伏黄土的工程地质特性，尤其是淋滤淀积钙质或钙质结核层的发育，使黄土的力学强度提高而湿陷性减弱或消失，这一特征在发育有古土壤层的剖面上显现的规律性尤为明显。

在古土壤层形成过程中，碳酸钙大量淋失，氧化亚铁（FeO）减少，导致黏粒含量相对增加。比表面积、阳离子交换量和游离三氧化二铁（Fe_2O_3）的增加，促使古土壤物理化学活性和亲水性增强。三氧化二铁/氧化亚铁（Fe_2O_3/FeO）比值达 3.55～12.9，且游离三氧化二铁（Fe_2O_3）含量的增高，不仅使古土壤呈现褐色，也促进了土壤中铁质胶结作用的增强。

古土壤中黏土收缩裂隙一般比较发育，透水性相对较强，局部还可能形成弱含水层。但其下伏的钙质富集或钙质结核层，则是较好的相对隔水层，使土体的渗透性在垂向上表现出较大差异。

1.2.1.3 离石黄土

离石黄土（Q_2）在南水北调中线工程中仅分布在黄河以南邙山及其上、下游地带，黄河以北和以南基本没有发育。

邙山附近的离石黄土与上覆马兰黄土的颗粒组成类似,粗粉粒含量多大于50%,<0.005 mm黏粒含量为7.7%～16.1%,<0.002 mm胶粒含量在6.1%～14.1%,在剖面上黏粒含量自上而下有增加的趋势。

离石黄土土体富含碳酸钙($CaCO_3$),其含量最高达15.06%;有效蒙脱石含量一般为3.41%～6.44%,但剖面底部的黄土可高达10.61%;伊利石的含量往往相当于蒙脱石含量的2/3。有机质含量与马兰黄土相近,一般小于0.5%,最低仅有0.18%。

化学分析成果显示,三氧化二铁(Fe_2O_3)的含量为3.14%～4.43%,氧化亚铁(FeO)含量为0.39%～1.03%,三氧化二铁(Fe_2O_3)/氧化亚铁(FeO)的比值(重量比)为3.70～6.42;游离二氧化硅(SiO_2)含量为0.45%～1.11%,平均值为0.74%;游离三氧化二铝(Al_2O_3)含量为0.65%～1.44%,平均值为1.17%;游离三氧化二铁(Fe_2O_3)含量为0.92%～1.83%,平均值为1.27%;游离氧化铁占整体氧化铁含量的30%左右。从以上物质组成和化学成分分析看,离石黄土与上更新世(Q_3)马兰黄土形成时的古气候环境是相似的。

离石黄土的pH值介于8.7～9.02,略高于马兰黄土及其所夹古土壤的酸碱度。易溶盐的化学类型较多,主要有HCO_3—Ca·Mg、HCO_3—Na·Ca和HCO_3·SO_4—Ca·Mg及SO_4·HCO_3—Na·Mg型。

土体矿物成分中,蒙脱石占主要成分,但因黏粒含量低,比表面积仅有49.00～113.01 m^2/g,平均值为86.04 m^2/g。阳离子交换量为11.47～21.51 meq/100 g,平均值约为15.95 meq/100 g。矿物成分中比表面积小和阳离子交换量低的特点,是造成离石黄土物理化学活性低的内在原因。因此,与马兰黄土相比,遇水后稳定性较好,仅局部地段可能会有微弱的非自重湿陷性。

离石黄土中的古土壤,<0.005 mm黏粒含量相对较高,一般为20.1%～35.7%,其中<0.002 mm胶粒含量占16.9%～31.7%。按照颗粒组成划分,可定名为粉质黏土或黏土。

古土壤化作用,使土体中的长石、云母等硅酸盐矿物分解成黏土矿物,并发生红土化。在自然环境条件下,由于水解和淋滤作用,土体中的碳酸钙($CaCO_3$)被溶解、淋漓,在其下部淀积成钙质结核层。古土壤层中碳酸钙的大量流失,使其含量大多仅为0.02%～2.76%,远低于其上覆和下伏黄土中的含量。长石、云母和角闪石及辉石等硅酸盐矿物风化后分解为黏土矿物,与其上覆和下伏的黄土相比,蒙脱石和伊利石含量有显著增加:蒙脱石含量达7.08%～14.91%,平均值约为10.31%;伊利石含量为4.16%～9.16%,平均值为6.5%。这就使得古土壤的物理化学活性相对于黄土而言有明显的增强。古土壤中有机质含量亦高于黄土,一般为0.10%～0.44%。

古土壤的化学分析成果表明,氧化铁(Fe_2O_3)含量较高,大多为3.80%～5.83%,平均值为4.61%;氧化亚铁(FeO)含量则相对较少,多为0.36%～0.71%,平均值为0.55%。在一定的物理化学环境作用下,硅酸盐矿物分解形成黏土矿物的同时,游离氧化铁和铝也在不断富集,最终形成红土化过程。

从土的力学特性讲,游离氧化铁的富集,增强了对黏土颗粒的胶结作用,力学强度增加。由于黏粒含量和蒙脱石矿物含量的提高,古土壤的比表面积和阳离子交换量亦有较大的增加,实测土体比表面积大多为 96.36~204.85 m^2/g,平均值为 128.11 m^2/g;阳离子交换量为 18.82~36.86 meq/100 g,平均值为 26.45 meq/100 g。交换性阳离子以 Ca^{2+}、Mg^{2+} 为主,其中交换性 Mg^{2+} 占了很大比例,致使古土壤化学活性增强。古土壤中易溶盐含量大多为 90.08~112.97 mg/100 g,与上覆下伏分布的黄土相近,主要易溶盐为 HCO_3—$Ca\cdot Mg\cdot Na$ 或 HCO_3—$Ca\cdot Mg$,其中 Mg^{2+}、Na^+ 离子含量相对黄土较高,土壤 pH 值也较高。

南水北调中线工程黄土类土矿物化学成分,详见表 1-1~表 1-5。

表 1-1 黄河以北段黄土类土矿物化学成分试验成果统计

岩性名称	地层时代	取样地点	$CaCO_3$ (.%)	有机质 (%)	蒙脱石 (%)	伊利石 (%)	比表面积 (m^2/g)
古土壤	Q_4	磁县北西来村	1.40	0.40	11.21	5.64	105.34
			2.84	0.51	10.57	8.45	91.83
			1.31	0.32	13.02	9.52	113.33
古土壤	Q_4	磁县双庙村	7.41	0.36	12.07	8.44	103.33
			8.18	0.69	17.29	12.81	150.8
			1.62	0.44	14.39	10.90	151.26
黄土状土			17.50	0.37	12.43	8.98	98.49
古土壤	Q_4	磁县前稻田		0.58	14.24	7.83	113.07
				0.22	10.80	6.60	104.9
			1.14	0.39	10.53	7.88	95.27
			1.60	0.55	12.62	8.82	132.73
黄土状土			1.61	0.12	9.35	5.41	99.90
黄土状土	Q_4	安阳市东梁村	2.81	0.35	10.89	4.94	108.50
			9.15	0.30	9.17	4.49	99.49
			8.92	0.31	9.21	6.81	97.13
			14.56	0.63	11.43	7.69	114.02
		安阳市西盖村	5.81	0.60	6.27	4.06	79.90
			4.76	0.12	8.17	3.74	89.95
			6.07	0.76	7.26	5.09	84.54
			5.07	0.57	8.92	4.21	89.57
			5.15	0.95	8.03	4.63	74.55
			5.46	1.22	6.26	3.39	76.29
			5.95	0.60	17.25	10.65	155.94

岩性名称	地层时代	取样地点	CaCO₃ (%)	有机质 (%)	蒙脱石 (%)	伊利石 (%)	比表面积 (m²/g)
黄土状土	Q₃	安阳市南张家村	2.01	0.61	8.76	4.45	88.97
			2.19	0.05	15.75	5.92	108.10
			1.77	0.76	15.57	6.53	141.85
古土壤	Q₄	汤阴县张村	12.50	1.05	15.02	11.42	164.12
黄土状土			2.42	1.25	12.21	6.24	146.58
			21.57	1.34	11.75	5.57	120.57
古土壤	Q₄	淇县前渔坡	1.63	0.60	10.71	8.55	136.23
			1.95	0.61	10.21	8.62	145.27
			2.18	0.96	13.07	11.65	154.77
黄土状土			1.87	1.16	11.17	9.40	133.13
古土壤	Q₄	淇县相庄西	2.09	0.75	8.58	6.06	105.54
			4.70	0.79	11.80	6.18	94.12
粉质黏土			2.68	0.87	11.80		147.00
			2.69	0.54	13.52	11.81	141.66
古土壤	Q₄	辉县南司马	2.27	0.68	13.03	10.34	138.24
			3.76	0.43	9.86	7.72	121.77
黄土状土			4.63	0.37	11.48	6.68	104.79
			1.83	0.39	11.34	11.69	101.50
古土壤	Q₄	辉县路固南	1.81	0.27	13.66	7.54	125.00
			1.63	0.45	13.30	10.50	133.13
			1.89	0.79	16.88	12.93	146.16
黄土状土	Q₃		15.37	0.52	14.57	8.36	134.76

表 1-2 黄河以北段黄土类土矿物化学成分试验成果统计

岩性名称	地层时代	取样地点	CaCO₃(%)	有机质(%)	蒙脱石(%)	伊利石(%)	比表面积(m²/g)	pH值	交换量(meq/100 g)	交换阳离子组成(meq/100 g)				盐基总量(meq/100 g)
										Ca²⁺	Mg²⁺	K⁺	Na⁺	
古土壤	Q₄	易县中罗村	1.97	0.36	8.04	7.06	118.59	7.78	16.00	12.10	2.57	0.37	0.72	15.70
黄色粉土	Q₃		1.51	0.11	6.22	5.42	105.21	7.90	14.25	9.46	3.59	0.37	0.48	13.90
			1.51	0.17	6.92	5.05	94.77	7.85	13.14	10.34	1.76	0.37	0.48	12.95
			2.05	0.10	9.08	7.01	102.46	7.63	17.03	11.37	4.47	0.41	0.48	16.73
粉土	Q₄	易县孝村		0.73	8.76	5.04	93.84							
			2.36	0.35	9.81	6.53	126.13	7.67	14.62	10.19	3.01	0.31	0.48	13.99
粉质黏土	Q₃		1.29	0.22	11.94	10.55	166.65	7.56	20.82	15.32	3.81	0.51	0.48	20.12
			1.97	0.34	9.39	7.02	120.4	7.59	18.93	13.93	2.57	0.32	0.63	17.45
			2.00	0.14	9.67	6.66	110.95	7.86	19.00	10.93	5.94	0.42	0.62	17.91
			1.36	0.17	8.26	8.84	122.68	7.69	19.26	12.72	4.81	0.37	0.48	18.38
古土壤	Q₄	徐水县孙各庄	2.07	0.75	7.04	6.62	115.62	7.62	18.96	13.07	4.97	0.35	0.46	18.85
黄土状土	Q₃		1.07	1.19	7.53	4.54	87.41	7.66	16.82	11.31	4.94	0.35	0.46	17.06
			2.27	0.34	5.68	4.82	85.61	7.52	16.03	10.34	4.69	0.35	0.46	15.84
黄色亚黏土	Q₃		8.30	0.45	7.27	7.48	102.94	8.60	20.82	17.52	1.17	0.44	0.46	19.59
			11.22	0.18	7.35	5.50	80.99	8.74	17.03	14.62	0.66	0.33	0.46	16.12
			9.70	0.19	6.17	4.42	79.69	8.77	17.26	12.73	2.83	0.37	0.46	16.39

续表 1-2

岩性名称	地层时代	取样地点	CaCO₃ (%)	有机质 (%)	蒙脱石 (%)	伊利石 (%)	比表面积 (m²/g)	pH值	交换量 (meq/100 g)	交换阳离子组成 (meq/100 g)				盐基总量 (meq/100 g)
										Ca^{2+}	Mg^{2+}	K^+	Na^+	
全新世黄土	Q_4	唐县水泥厂	4.61	0.57	6.39	6.86	122.30	8.58	17.12	13.01	3.11	0.47	0.46	17.05
古土壤	Q_4		1.55	0.41	7.01	6.30	130.66	8.22	18.96	14.21	3.68	0.47	0.68	19.04
			2.59	0.25	7.08	6.09	137.19	8.02	17.62	12.73	3.89	0.47	0.47	17.56
黄土状土	Q_3		2.18	0.20	5.63	7.60	138.30	7.41	14.71	11.94	1.70	0.37	0.48	14.49
			1.33	0.20	6.17	6.79	126.20	7.72	17.51	12.37	4.24	0.32	0.48	17.41
			1.98	0.23	7.08	5.86	91.33							
黄土状土	Q_3	唐县高昌庄	1.93	0.75	8.48		122.65							
			6.75	0.37	7.72	5.25	93.28							
			8.24	0.47	14.07	5.12	121.06							
			4.98	0.16	13.35	6.57	176.06							

表 1-3 黄河以北段黄土类土化学成分试验成果统计

岩性名称	地层时代	取样地点	pH值	含盐量 (mg/100 g)	阳离子								阴离子							
					Ca²⁺		Mg²⁺		Na⁺		K⁺		HCO₃⁻		CO₃²⁻		SO₄²⁻		Cl⁻	
					mg/100 g	毫克当量(%)	mg/100 g	毫克当量(%)	mg/100 g	毫克当量(%)	mg/100 g	毫克当量(%)	mg/100 g	毫克当量(%)	mg/100 g	毫克当量(%)	mg/100 g	毫克当量(%)	mg/100 g	毫克当量(%)
古土壤	Q₄		6.9	56.9	6.00	41.67	2.60	29.17	4.08	25.00	1.08	4.17	41.00	84.81					2.13	15.19
黄色粉土	Q₃	易县中罗村	7.0	51.8	6.57	43.42	3.64	39.47	2.52	14.47	0.83	2.63	30.21	67.12	1.06	5.48			6.97	27.40
			6.9	71.08	13.71	65.14	2.42	21.20	2.67	11.01	1.08	2.75	43.17	74.73	1.06	4.21			6.97	21.05
粉土	Q₄		6.9	72.31	12.86	58.18	3.46	26.36	3.12	12.73	1.33	2.73	43.17	74.74					8.37	25.26
			8.1	59.12	11.43	72.15	1.04	11.39	2.37	12.66	1.25	3.80	38.85	84.21					4.18	15.79
粉质土	Q₃	易县孝村	7.2	67.43	8.57	47.78	1.73	20.00	6.16	30.00	0.83	2.22	43.17	78.02					6.97	21.98
			7.0	76.89	18.57	78.81	0.35	2.54	4.23	15.25	1.66	3.39	28.06	45.54			17.05	34.65	6.97	19.80
			6.9	43.18	7.41	58.73	1.73	22.22	2.00	14.29	1.33	4.76	23.74	66.10					6.97	33.90
			6.9	42.19	5.42	50.94	0.69	11.32	3.12	26.42	2.49	11.32	26.98	81.48					3.49	18.52
			6.9	56.12	6.43	40.51	3.90	40.51	2.37	12.66	2.08	6.33	19.43	39.02			16.33	41.46	5.58	19.51
古土壤	Q₄		8.2	213.44	44.28	80.36	1.73	5.09	8.90	14.18	0.58	0.36	115.4	65.40	3.54	4.15	30.50	22.15	8.51	8.30
黄土状土	Q₃	徐水县孙各庄	6.9	61.81	10.02	59.52	3.29	32.14	1.45	7.14	0.58	1.19	30.22	54.95			7.18	16.48	9.07	28.57
			6.9	102.77	26.14	82.39	2.08	10.69	2.23	4.29	0.58	0.63	45.23	53.24			12.56	18.71	13.95	28.06
亚黏土	Q₃		8.1	146.50	65.29	74.83	2.92	16.78	2.37	6.99	0.66	1.40	64.76	77.37	2.13	5.11			8.37	17.52
			8.4	97.61	21.43	71.81	3.98	22.15	1.74	5.37	0.42	0.67	53.96	65.67	2.13	5.22			13.95	29.10
			8.1	131.49	22.85	67.06	5.37	21.18	4.23	10.59	0.91	1.18	84.18	77.97					13.95	22.03

续表1-3

岩性名称	地层时代	取样地点	pH值	含盐量(mg/100g)	阳离子 Ca²⁺ mg/100g	Ca²⁺ 毫克当量(%)	Mg²⁺ mg/100g	Mg²⁺ 毫克当量(%)	Na⁺ mg/100g	Na⁺ 毫克当量(%)	K⁺ mg/100g	K⁺ 毫克当量(%)	阴离子 HCO₃⁻ mg/100g	HCO₃⁻ 毫克当量(%)	CO₃²⁻ mg/100g	CO₃²⁻ 毫克当量(%)	SO₄²⁻ mg/100g	SO₄²⁻ 毫克当量(%)	Cl⁻ mg/100g	Cl⁻ 毫克当量(%)
黄土	Q_4	唐县水泥厂	7.2	83.07	17.86	74.17	6.93	22.50	0.58	2.50	0.58	0.83	43.17	64.55					13.95	35.45
古土壤	Q_4		6.9	43.86	10.00	80.64	1.04	14.52	0.48	3.23	0.33	1.64	30.22	86.21					2.79	13.79
			7.0	38.33	8.57	84.13			2.00	16.98	0.58	1.87	26.60	68.63					5.58	31.37
黄土状土	Q_3		7.2	63.84	8.28	42.71	4.14	35.42	3.71	16.67	1.83	5.21	26.98	45.83			1.44	3.13	17.44	51.04
			6.9	60.87	7.14	40.45	2.77	25.84	5.71	28.09	1.81	5.62	29.29	57.83			7.18	18.07	6.97	24.10
黄土状土	Q_3	唐县高昌庄	7.0	97.74	22.28	78.17	1.73	9.86	3.12	9.86	1.00	2.11	47.49	61.42			17.94	29.13	4.18	9.45
			7.5	47.71	10.00	72.46			3.12	20.29	2.08	7.25	23.74	59.09			1.80	6.06	6.97	34.85
	Q_3		7.5	115.09	19.43	63.40	3.89	20.92	4.23	11.76	2.16	3.92	75.55	80.52	4.25	9.09			5.58	10.39
			7.3	134.71	24.28	72.46	2.55	12.57	4.60	11.98	2.08	2.99	97.02	92.98					4.18	7.02
			8.0	91.35	17.43	52.78	3.46	26.85	3.93	15.74	1.91	4.63	60.44	89.19					4.18	10.80
古土壤	Q_4	磁县北西来	8.1	159.33	27.43	57.56	8.31	28.57	7.05	13.03	0.66	0.84	71.23	54.52			37.68	36.28	6.97	9.30
			8.1	104.01	18.86	62.67	4.50	24.67	3.56	10.00	1.41	2.67	53.96	63.77			16.15	24.64	5.57	11.50
			7.8	110.80	21.43	71.81	2.6	14.09	4.23	12.08	1.33	2.01	75.55	87.32			0.90	1.41	5.57	11.27
古土壤	Q_4	磁县双庙村	8.1	113.6	22.86	69.51	3.46	17.68	3.93	10.37	1.58	2.44	64.76	71.14	1.06		8.97	12.75	6.98	13.42
			7.6	146.5	27.14	69.18	4.68	19.19	5.19	11.11	1.33	1.52	64.76	52.22	0.53		35.89	36.95	6.98	9.85
			7.5	129.10	25.71	71.11	3.98	18.33	3.78	8.89	0.83	1.67	79.86	79.39			10.76	13.33	4.18	7.27
黄土状土	Q_3		7.6	137.77	27.14	67.50	6.06	25.00	2.74	6.00	1.33	1.50	73.70	67.22			23.33	27.22	3.47	5.56

续表 1-3

岩性名称	地层时代	取样地点	pH值	含盐量 (mg/100 g)	阳离子 Ca^{2+} mg/100 g	Ca^{2+} 毫克当量(%)	Mg^{2+} mg/100 g	Mg^{2+} 毫克当量(%)	Na^+ mg/100 g	Na^+ 毫克当量(%)	K^+ mg/100 g	K^+ 毫克当量(%)	阴离子 HCO_3^- mg/100 g	HCO_3^- 毫克当量(%)	CO_3^{2-} mg/100 g	CO_3^{2-} 毫克当量(%)	SO_4^{2-} mg/100 g	SO_4^{2-} 毫克当量(%)	Cl^- mg/100 g	Cl^- 毫克当量(%)
古土壤	Q₄	磁县前稻田	7.2	124.76	27.43	77.40	2.60	11.86	3.12	7.91	1.91	2.82	75.55	77.99			7.18	9.43	6.97	12.58
			7.5	114.84	24.85	75.61	2.60	12.80	3.56	9.15	1.66	2.44	60.44	66.44			16.15	22.82	5.58	10.34
			7.2	104.18	26.86	80.85	1.73	9.93	2.30	7.09	1.08	2.13	65.23	84.25					6.98	15.75
			7.4	92.24	20.00	75.19	1.73	10.53	3.78	12.03	1.00	2.26	51.80	68.55					13.93	31.45
黄土状土	Q₃		7.4	99.64	21.41	76.98	1.82	10.79	3.12	10.07	1.08	2.16	65.23	84.25					6.98	15.75
黄土状土	Q₄	安阳市东梁村	7.2	93.48	21.43	81.68	1.30	8.40	2.37	7.63	1.16	2.29	53.96	72.73			6.28	10.74	6.98	16.53
			7.1	85.22	19.71	80.99	1.73	11.57	1.26	4.13	1.58	3.31	53.96	81.48					6.98	18.52
			6.9	97.97	21.43	79.85	1.73	10.45	2.00	6.72	1.74	2.99	56.12	73.02			10.77	17.46	4.18	9.52
			6.9	90.25	19.71	79.03	1.73	11.29	2.00	7.26	1.16	2.42	58.28	82.76			1.80	3.45	5.57	13.79
			7.5	71.51	15.25	79.44	1.17	10.02	1.66	7.52	1.13	3.02	44.97	79.68			2.54	5.73	4.79	14.59
			7.6	72.65	15.21	78.90	1.07	9.15	1.91	8.63	1.25	3.32	46.07	80.49			2.50	5.54	4.64	13.97
黄土状土	Q₃	安阳市西盖村	8.0	82.25	15.49	71.84	1.67	12.73	2.35	9.48	2.50	5.95	50.64	75.87	2.31	7.04	2.50	4.25	4.79	12.34
			7.8	75.41	14.83	75.82	0.94	7.89	2.35	10.45	2.22	5.84	47.23	79.47			2.88	6.16	4.96	14.37
			8.0	83.97	15.91	70.77	2.09	15.33	2.19	8.47	2.38	5.43	50.77	74.35	2.31	6.88	3.36	6.26	4.96	12.51
			7.9	76.82	15.29	74.15	1.67	13.31	1.89	7.97	1.83	4.57	47.23	77.32			4.12	9.19	4.79	13.49
			7.8	81.87	15.09	73.60	1.80	13.57	2.19	18.71	1.76	4.12	53.15	82.87			1.92	3.81	4.96	13.32

续表 1-3

岩性名称	地层时代	取样地点	pH值	含盐量(mg/100 g)	阳离子 Ca^{2+} mg/100 g	阳离子 Ca^{2+} 毫克当量(%)	Mg^{2+} mg/100 g	Mg^{2+} 毫克当量(%)	Na^+ mg/100 g	Na^+ 毫克当量(%)	K^+ mg/100 g	K^+ 毫克当量(%)	阴离子 HCO_3^- mg/100 g	HCO_3^- 毫克当量(%)	CO_3^{2-} mg/100 g	CO_3^{2-} 毫克当量(%)	SO_4^{2-} mg/100 g	SO_4^{2-} 毫克当量(%)	Cl^- mg/100 g	Cl^- 毫克当量(%)
黄土状土	Q_3	安阳南张家	7.4	35.65	5.99	60.53	1.36	22.67	1.17	10.32	1.25	6.48	17.7	58.23			3.07	12.85	5.11	28.92
黄土状土			7.3	50.08	8.96	63.86	1.63	19.14	2.05	12.71	1.17	4.29	26.06	62.79			4.71	14.41	5.50	22.88
黄土状土			7.1	39.59	7.04	64.40	1.11	16.70	1.77	14.13	1.01	4.77	21.84	67.04			2.21	8.61	4.61	24.35
古土壤			7.9	93.02	20.44	85.79	0.64	4.46	2.31	8.07	0.78	1.68	61.45	83.99			2.26	3.92	5.14	12.09
黄土状土	Q_4	汤阴县张村	7.8	76.46	18.18	84.93	0.55	4.21	2.31	8.99	0.78	1.87	43.32	71.00			3.94	8.20	7.38	20.80
黄土状土			8.0	81.16	17.96	80.50	0.85	6.29	2.85	11.14	0.90	2.07	48.45	74.14	2.31	7.19	2.88	5.50	4.96	13.07
粉土			7.7	72.42	9.42	61.92	1.61	17.39	2.99	17.13	1.05	3.56	30.94	68.05			4.32	5.37	7.02	26.58
古土壤	Q_4	淇县前渔坡	7.8	71.62	12.83	63.3	3.16	25.72	1.40	6.03	1.95	4.95	41.37	71.22			4.56	9.98	6.35	19.80
古土壤			7.4	63.92	6.47	42.61	4.15	44.99	1.10	6.33	1.79	6.07	26.61	62.64			4.08	12.21	6.21	25.15
古土壤			7.2	59.33	8.04	60.57	1.58	19.64	1.66	10.88	2.30	8.91	20.69	53.39			3.79	12.44	7.69	39.17
黄土状土	Q_3		7.4	56.05	8.12	50.88	3.28	33.92	1.38	7.54	2.38	7.66	30.14	64.61			4.08	11.08	6.67	24.51

续表 1-3

岩性名称	地层时代	取样地点	pH值	含盐量 (mg/100 g)	阳离子								阴离子							
					Ca^{2+}		Mg^{2+}		Na^+		K^+		HCO_3^-		CO_3^{2-}		SO_4^{2-}		Cl^-	
					mg/100 g	毫克当量(%)	mg/100 g	毫克当量(%)	mg/100 g	毫克当量(%)	mg/100 g	毫克当量(%)	mg/100 g	毫克当量(%)	mg/100 g	毫克当量(%)	mg/100 g	毫克当量(%)	mg/100 g	毫克当量(%)
古土壤	Q_4	洪县杨庄西	7.2	45.41	5.91	46.31	2.31	29.83	2.81	19.15	1.17	19.71	22.26	57.41			4.08	13.26	6.67	29.33
			7.8	84.03	15.71	75.97	1.14	9.11	2.81	11.82	1.25	3.10	51.99	76.14			6.34	11.80	4.79	12.06
粉质黏土			7.5	81.54	13.39	60.13	1.70	12.6	5.61	21.96	2.03	5.31	47.23	73.02			4.47	8.77	6.84	18.21
			7.4	82.05	14.79	62.07	1.62	11.19	6.42	23.46	1.52	3.28	47.84	78.32			5.57	11.59	4.29	12.09
古土壤	Q_4	辉县南司马	7.6	96.10	15.61	58.26	1.16	7.11	9.87	32.09	1.33	2.54	51.38	66.61			6.82	11.23	9.93	22.15
			7.6	89.89	17.40	71.91	1.53	10.44	4.12	14.83	1.33	2.82	56.69	80.29			2.83	5.10	5.99	14.61
黄土状土	Q_3		7.9	113.40	22.40	76.73	1.92	10.84	3.22	9.91	1.60	2.81	76.40	85.75			1.87	2.67	5.99	11.58
			6.9	51.05	8.46	55.16	2.13	22.88	2.92	16.60	1.60	5.36	26.12	63.13			3.65	11.21	6.17	25.66
古土壤	Q_4	辉县路固南	7.1	72.90	14.55	68.69	2.24	17.41	2.97	12.2	0.70	1.70	40.94	69.90			4.76	10.31	6.74	19.79
			7.0	52.56	7.40	49.60	1.58	17.47	4.16	24.33	2.50	8.60	25.14	58.11			4.76	13.96	7.02	27.93
黄土状土	Q_3		6.8	52.18	7.05	48.69	1.92	21.85	4.12	24.76	1.33	4.70	28.92	67.71			3.17	9.43	5.67	22.86
			7.6	76.11	15.15	73.97	1.70	13.70	2.35	9.98	0.94	2.35	40.68	76.58	—	—	3.79	7.91	5.50	15.51

表 1-4 黄河以南段满沟黄土类土矿物化学成分试验成果统计

岩性名称	地层时代	取样地点	CaCO₃(%)	蒙脱石(%)	伊利石(%)	有机质(%)	Fe₂O₃(%)	FeO(%)	Fe₂O₃/FeO	比表面积(m²/g)	pH值	游离氧化物(%) SiO₂	游离氧化物 Fe₂O₃	游离氧化物 Al₂O₃	交换量(meq/100g)	交换阳离子 Ca²⁺	Mg²⁺	K⁺	Na⁺ (meq/100g)	盐基总量(meq/100g)
黄土	Q₄	沟头路边	6.77	6.58	2.76	0.90	2.68	1.21	2.22	81.24	8.56	0.32	1.46	1.51	13.21	10.11	1.98	0.29	0.69	13.07
黑垆土		沟头路边	2.02	6.22	4.41	0.99	2.27	1.11	2.05	101.4	8.55	0.88	1.69	1.99	12.51	9.54	1.20	0.23	0.69	11.66
		18#竖井	12.45	4.68	2.83	0.48	2.75	0.98	2.81	73.04		0.63	1.30	1.61	11.82	8.91	0.70	0.23	0.46	10.31
			8.92	6.58	2.58	0.22	3.84	1.03	3.73	34.14	9.50	0.54	0.97	0.98	17.56	7.31	8.02	0.23	0.84	16.40
		18#竖井	7.50	6.81	3.13	0.55	3.91	0.86	4.55	56.28	9.49	0.67	1.00	0.98	18.18	9.87	7.14	0.29	0.57	17.87
		4#平硐	7.94	6.91	4.12	0.51	3.84	0.93	4.13	59.80	9.19	0.82	0.90	1.57	15.92	11.10	4.17	0.29	0.54	16.10
马兰黄土	Q₃	4#平硐	6.69	4.31	4.59	0.71	3.40	0.95	3.58	52.70	9.06	0.53	0.88	1.20	15.82	7.39	4.86	0.46	0.46	13.17
		18#竖井	9.01	6.08	4.29	0.38	3.18	1.12	2.84	70.42	9.31	0.65	0.94	0.89	17.12	8.44	7.39	0.23	0.84	17.12
		7#平硐	4.16	6.17	1.79	1.08	4.29	0.65	6.6	78.47	9.60	0.66	0.98	1.10	18.00	13.29	3.46	0.32	0.90	17.97
		4#竖井	9.28	7.85	4.49	0.38	3.59	0.90	3.99	81.23	8.87	0.59	1.01	1.16	16.49	12.86	2.68	0.42	0.47	16.43
		17#竖井	8.30	6.62	2.19	0.37	3.36	0.98	3.43	63.00	9.26	0.47	0.98	1.03	16.90	9.43	5.84	0.27	0.73	16.27
			9.03	3.77	3.46	0.31	3.93	0.93	4.23	70.96	9.07	0.50	0.95	1.21	13.61	6.96	4.99	0.23	0.84	13.02
		2#竖井	11.89	4.81	3.51	0.24	3.29	0.77	4.27	63.25	8.73	0.72	1.12	1.96	14.12	9.50	2.60	0.20	0.58	12.88
黑垆土		1#竖井	2.33	8.89	7.33	0.53	3.48	0.94	3.70	110.5	8.29	0.61	0.95	1.70	21.51	14.84	5.27	0.27	0.58	20.90
马兰黄土			10.58	6.35	3.26	0.74	3.36	0.86	3.91	86.80	8.86	0.48	0.87	0.87	18.86	8.79	8.36	0.26	0.46	17.81
			11.50	5.76	2.48	0.75	4.02	0.84	4.79	72.77	8.82	0.58	1.00	0.87	16.42	10.62	0.91	0.26	0.46	12.25

续表1-4

岩性名称	地层时代	取样地点	CaCO₃ (%)	蒙脱石 (%)	伊利石 (%)	有机质 (%)	Fe_2O_3 (%)	FeO (%)	Fe_2O_3/FeO (%)	比表面积 (m²/g)	pH值	游离氧化物 (%) SiO₂	Fe_2O_3	Al_2O_3	交换量 (meq/100 g)	交换阳离子 (meq/100 g) Ca²⁺	Mg²⁺	K⁺	Na⁺	盐基总量 (meq/100 g)
马兰黄土	Q₃	1#竖井	11.42	5.81	2.72	0.71	4.06	0.76	5.34	77.15	8.84	0.66	1.00	1.22	17.59	9.36	5.77	0.26	0.69	16.08
离石黄土		16#竖井	8.09	7.35	3.37	0.51	4.02	0.94	4.28	49.00	9.0	0.45	1.05	1.07	19.62	9.71	8.23	0.23	0.58	18.75
离石黄土			0.84	8.62	6.23	0.18	4.33	0.72	6.01	91.92	8.98	0.56	1.32	1.25	18.82	10.76	6.57	0.49	0.79	18.70
古土壤		6#平硐	9.37	4.58	3.06	0.29	3.67	0.94	3.90	66.63	9.30	0.62	0.92	1.74	13.82	9.43	1.83	0.22	0.87	12.35
离石黄土		16#竖井	5.91	7.12	5.85	0.36	4.50	0.55	8.18	98.96	9.27	0.85	1.18	0.98	23.82	13.29	9.57	0.41	0.79	24.06
古土壤		16#竖井	6.28	8.31	5.67	0.38	3.86	0.71	5.44	96.36	8.92	0.81	1.19	1.74	23.12	11.25	9.72	0.30	0.87	22.14
离石黄土		2#平硐	8.99	8.31	3.93	0.75	3.81	1.03	3.70	89.97	8.87	0.49	0.93	1.44	21.47	10.08	9.71	0.26	0.46	20.48
古土壤	Q₂	16#竖井	15.06	10.61	6.66	0.46	4.43	0.69	6.42	112.0	9.02	0.69	1.04	1.25	24.91	10.55	11.75	0.32	0.87	23.49
离石黄土		5#平硐	0.59	8.62	6.54	0.42	4.66	0.64	7.28	136.9	8.67	1.09	1.41	2.22	20.43	11.32	6.54	0.30	0.58	18.74
古土壤			11.69		1.93	0.68	3.44	0.73	4.71	72.69	8.84	0.60	0.89	1.39	11.47	7.07	2.69	0.23	0.46	10.45
离石黄土			0.5	10.53	5.78	0.31	4.26	0.51	8.35	120.5	8.91	1.04	1.47	1.46	21.42	12.66	7.18	0.49	0.79	21.12
古土壤		观9孔		14.91	9.16	0.27	5.43	0.48	11.32	158.5	8.31	1.09	1.66	1.78	31.33	15.55	13.30	0.47	0.65	29.97
古土壤			0.02		8.54	0.29	5.37	0.36	14.92	149.3	8.18	1.05	1.36	2.04	30.94	15.12	11.47	0.58	0.87	28.04
红土	N₂		1.15	11.61	8.02	0.13	4.59	0.37	12.40	148.2	9.05	1.78	1.37	2.03	23.20	14.76	8.44	0.49	0.79	23.14
			2.62	11.63	7.17	0.24	9.82	0.41	23.95	150.0	8.83	1.32	1.72	1.83	24.13	14.49	8.02	0.49	1.32	24.32
			0.92	13.52	9.61	0.24	5.22	0.36	14.5	190.0	8.79	1.06	1.73	1.61	26.98	15.69	9.15	0.49	1.69	27.02
			2.31	11.06	8.01	0.31	4.73	0.45	10.51	155.1		1.08	1.64	1.21	26.43	18.50	4.78	0.49	1.46	25.22

表 1-5 黄河以南满沟黄土类土化学成分试验成果统计

岩性名称	地层时代	取样地点	pH值	含盐量(mg/100g)	阳离子								阴离子							
					Ca^{2+}		Mg^{2+}		Na^+		K^+		HCO_3^-		CO_3^{2-}		SO_4^{2-}		Cl^-	
					mg/100g	毫克当量(%)	mg/100g	毫克当量(%)	mg/100g	毫克当量(%)	mg/100g	毫克当量(%)	mg/100g	毫克当量(%)	mg/100g	毫克当量(%)	mg/100g	毫克当量(%)	mg/100g	毫克当量(%)
黄土	Q4	满沟沟头	7.20	152.28	34.29	78.80	3.03	11.52	3.86	7.83	1.58	1.84	64.96	52.48			40.38	41.58	4.18	5.94
黑垆土			7.00	111.60	22.14	70.97	3.46	18.71	2.97	8.39	1.00	1.94	62.60	67.76			8.97	12.50	10.46	19.74
马兰黄土	Q3	18#竖井	7.20	114.78	19.43	59.15	3.98	16.46	8.53	0.37	1.08	1.83	60.44	66.44			14.35	20.13	6.97	13.42
			8.20	128.5	11.43	32.20	10.83	50.28	6.53	15.82	1.08	1.69	64.76	58.24			26.90	30.77	6.97	10.99
			8.50	146.21	19.43	49.74	5.37	22.56	11.50	25.64	1.66	2.05	90.66	73.04	10.62	17.16			6.97	9.80
			8.40	159.28	21.43	47.56	6.93	25.33	13.58	26.22	0.75	0.89	88.50	67.13	8.49	12.93	16.81	16.20	2.79	3.70
		4#平硐	8.20	131.97	22.85	63.33	3.46	16.11	2.60	6.11	10.13	14.44	75.55	76.54			14.41	18.52	2.97	4.94
		18#竖井	8.20	132.05	14.85	44.31	2.04	14.37	15.21	39.52	1.00	1.80	64.76	58.61			25.12	28.42	9.07	14.13
		7#平硐	8.40	193.15	16.86	33.60	2.60	8.40	33.01	57.60	0.50	0.40	107.9	68.34	10.62	13.51	18.84	15.06	2.79	3.09
		4#竖井	7.90	117.39	18.28	58.71	4.67	24.52	5.34	14.84	1.08	1.94	60.41	69.91			20.64	26.54	6.97	12.35
		17#竖井	8.10	119.17	12.86	40.76	6.93	36.31	7.42	20.38	1.66	2.55	60.41	58.58			18.73	23.08	11.16	18.34
			8.05	113.89	14.28	49.65	4.76	27.27	6.53	19.58	1.83	3.50	64.76	67.95			16.15	21.79	5.58	10.26
		2#竖井	7.90	132.63	23.71	62.77	4.33	19.15	7.42	17.02	0.66	1.06	60.44	52.94			17.94	19.79	18.13	27.27
黑垆土	Q4		8.20	107.00	10.57	36.55	2.60	14.48	15.73	46.90	1.16	2.07	64.76	75.18	4.25	9.93	0.96	1.42	6.97	13.48
马兰黄土	Q3	1#竖井	9.00	89.87	12.86	52.89	4.33	29.75	4.08	14.88	1.16	2.48	48.57	62.50	5.31	14.06	10.77	17.19	2.79	6.25
			8.00	150.41	19.71	52.41	7.27	32.09	6.31	14.44	0.66	1.07	60.44	44.39			44.86	41.70	11.16	13.90
			7.90	104.54	17.14	63.70	4.50	27.41	2.37	7.41	0.83	1.48	57.36	65.10			15.37	21.48	6.97	13.42

续表 1-5

岩性名称	地层时代	取样地点	pH值	含盐量(mg/100 g)	阳离子 Ca²⁺ mg/100 g	Ca²⁺ 毫克当量(%)	Mg²⁺ mg/100 g	Mg²⁺ 毫克当量(%)	Na⁺ mg/100 g	Na⁺ 毫克当量(%)	K⁺ mg/100 g	K⁺ 毫克当量(%)	阴离子 HCO₃⁻ mg/100 g	HCO₃⁻ 毫克当量(%)	CO₃²⁻ mg/100 g	CO₃²⁻ 毫克当量(%)	SO₄²⁻ mg/100 g	SO₄²⁻ 毫克当量(%)	Cl⁻ mg/100 g	Cl⁻ 毫克当量(%)
离石黄土	Q₂	16#竖井	8.00	106.54	13.57	49.28	6.24	36.96	3.78	11.59	1.16	2.17	60.41	66.44			14.41	20.13	6.97	13.42
古土壤		16#竖井	8.20	110.78	8.57	30.07	5.20	30.07	12.46	37.76	1.16	2.10	53.96	57.89			25.94	35.53	3.49	6.58
离石黄土		6#平硐	8.40	110.49	10.57	36.55	2.60	14.48	15.73	46.90	1.16	2.07	64.76	69.74	4.25	9.21	0.96	1.32	10.46	19.74
古土壤		16#竖井	8.40	112.97	14.28	43.21	5.37	27.16	10.39	27.78	1.16	1.85	64.76	70.20	4.25	9.27	7.18	9.93	5.58	10.60
		16#竖井	8.40	97.95	10.57	38.97	4.33	26.47	10.09	32.35	1.16	2.21	64.76	82.81	4.25	10.9			2.79	6.25
离石黄土		2#平硐	7.90	96.29	19.14	75.00	2.17	14.06	2.82	9.38	0.66	1.56	53.96	69.84			16.15	26.98	1.39	3.17
古土壤		16#竖井	8.20	119.63	10.57	36.06	6.41	36.06	8.68	25.85	1.25	2.05	64.76	63.10			20.19	25.00	6.97	11.90
离石黄土		5#平硐	7.60	104.69	12.71	46.67	6.40	39.26	3.49	11.11	1.49	2.96	60.41	67.81			13.45	19.18	6.74	13.01
古土壤			8.40	155.88	10.00	21.37	7.97	28.21	26.71	49.57	0.83	0.85	41.01	28.88	4.25	6.03	44.19	39.66	20.92	25.43
古土壤		观9孔	7.60	112.98	13.43	43.51	8.16	43.51	3.41	9.74	1.49	3.25	64.76	67.09			16.15	21.52	5.58	11.39
				90.08	9.71	42.86	4.33	32.14	4.97	19.64	2.16	5.36	53.96	72.13			10.77	18.03	4.18	9.84
			7.60	98.98	13.57	46.90	6.06	34.48	4.97	15.17	2.08	3.45	64.76	80.92	4.25	10.0	3.36	5.34	4.18	13.74
			8.50	108.84	14.28	52.21	4.33	26.47	12.09	19.12	2.16	2.21	64.76	75.71					6.97	14.29
红土	N₂		7.90	105.52	6.00	21.13	2.60	14.79	19.50	59.86	2.24	4.23	64.76	80.30			4.83	7.58	5.58	12.12
			7.90	102.18	10.28	36.96	4.33	26.09	9.89	31.16	3.07	5.80	66.91	82.71	2.12	5.26			5.58	12.03
			8.20	110.46	12.86	42.11	0.43	2.63	18.32	52.63	1.41	2.63	64.76	75.71	2.12	5.00	3.59	5.00	6.97	14.29

岩性名称	地层时代	取样地点	pH值	含盐量 (mg/100 g)	阳离子								阴离子							
					Ca^{2+} mg/100 g	Ca^{2+} 毫克当量(%)	Mg^{2+} mg/100 g	Mg^{2+} 毫克当量(%)	Na^+ mg/100 g	Na^+ 毫克当量(%)	K^+ mg/100 g	K^+ 毫克当量(%)	HCO_3^- mg/100 g	HCO_3^- 毫克当量(%)	CO_3^{2-} mg/100 g	CO_3^{2-} 毫克当量(%)	SO_4^{2-} mg/100 g	SO_4^{2-} 毫克当量(%)	Cl^- mg/100 g	Cl^- 毫克当量(%)
古土壤	Q₄	新郑南包庄	6.7	77.59	15.00	72.82	1.39	10.68	3.12	13.59	1.33	2.91	53.96	91.67					2.79	8.33
马兰黄土	Q₃		6.7	62.35	8.57	48.86	2.08	19.32	4.90	23.86	2.82	7.95	21.59	40.70			16.81	40.70	5.58	18.60
古土壤	Q₄	新郑新庄	6.4	41.09	5.14	46.43	1.73	25.00	2.52	19.64	1.83	8.93	10.79	28.57			12.11	39.68	6.91	31.75
			6.4	93.22	18.57	73.81	1.73	11.11	4.23	14.29	0.58	0.79	53.96	71.54			7.18	12.20	6.97	16.26
			6.7	87.01	16.57	66.94	1.56	10.48	6.16	21.77	0.42	0.81	53.96	78.57					8.34	24.43
黄土	Q₄	新郑二十里铺	7.2	66.81	14.00	84.34	0.87	8.43	1.04	6.02	0.58	1.20	41.01	71.28			7.18	15.96	2.13	12.77
古土壤	Q₄	新郑李垌村	7.0	83.02	16.86	77.06	1.39	10.09	2.67	11.01	0.83	1.83	43.13	62.83			12.56	23.01	5.58	14.16
马兰黄土	Q₃		7.5	56.06	5.47	38.03	2.17	25.35	4.90	29.58	1.83	7.04	17.27	33.73			18.84	46.99	5.58	19.28
全新世黄土	Q₄		6.7	51.49	6.43	42.11	3.90	41.11	2.00	11.84	1.08	3.95	21.60	45.45			6.72	118.2	9.76	36.36
古土壤		新郑前张庄	8.0	75.31	15.71	78.00	1.21	10.00	2.52	11.00	0.58	1.00	51.80	89.47					3.49	10.53
黄土状土			7.5	107.91	28.57	91.08	0.17	0.64	2.74	7.64	0.25	0.64	73.39	95.03					2.79	4.97
褐色亚黏土			7.0	73.56	12.86	62.14	2.42	19.42	4.08	17.48	0.50	0.97	45.33	75.51					8.37	24.49
			6.8	72.99	8.20	40.59	2.19	17.82	7.57	32.67	3.65	8.91	34.54	58.16			9.87	21.43	6.97	20.41

续表 1-5

岩性名称	地层时代	取样地点	pH值	含盐量 (mg/100 g)	阳离子 Ca^{2+} mg/100 g	Ca^{2+} 毫克当量(%)	Mg^{2+} mg/100 g	Mg^{2+} 毫克当量(%)	Na^+ mg/100 g	Na^+ 毫克当量(%)	K^+ mg/100 g	K^+ 毫克当量(%)	阴离子 HCO_3^- mg/100 g	HCO_3^- 毫克当量(%)	CO_3^{2-} mg/100 g	CO_3^{2-} 毫克当量(%)	SO_4^{2-} mg/100 g	SO_4^{2-} 毫克当量(%)	Cl^- mg/100 g	Cl^- 毫克当量(%)
全新世黄土	Q₄	禹县古城村	7.9	79.92	15.80	70.54	2.42	17.86	2.23	8.93	1.33	2.68	53.96	88.00					4.18	12.00
古土壤			7.2	91.93	17.14	68.80	2.77	18.40	2.00	7.20	2.91	5.60	53.96	73.95			8.97	15.97	4.18	10.08
马兰黄土	Q₃		7.0	60.94	8.29	46.59	2.08	19.32	4.53	22.73	3.98	11.36	19.43	38.55			17.05	42.17	5.58	19.28
古土壤	Q₄	禹县王集	7.2	121.58	25.71	73.10	2.42	11.70	5.56	14.04	0.75	1.17	73.39	77.42			5.38	7.10	8.37	15.48
马兰黄土	Q₃		7.5	94.65	19.43	70.80	2.42	14.60	3.71	11.68	1.74	2.92	58.28	78.69					9.07	21.31
黄土状土	Q₄	郏县老庄南	8.2	94.38	21.43	79.85	2.60	15.67	1.26	3.73	0.58	0.75	53.96	71.54			8.97	15.45	5.57	13.01
			6.9	67.05	10.00	49.50	2.86	23.76	5.34	22.77	1.41	3.96	34.54	62.64			10.77	24.18	2.13	13.19
			7.0	99.20	25.80	63.20	4.50	29.60	1.71	5.60	0.66	1.60	45.33	58.14	1.07	3.10	8.97	14.73	11.16	24.03
			7.2	77.70	18.57	83.04	1.30	9.82	1.71	6.25	0.58	0.89	48.57	80.00					6.97	20.00
			7.2	77.31	15.71	74.29	1.30	10.48	3.12	13.33	0.83	1.90	53.96	91.67					2.79	8.33
古土壤	Q₄	郏县沪河村	7.0	65.23	13.43	70.53	1.04	9.47	4.23	18.95	0.33	1.05	34.54	66.28			5.38	12.79	6.28	20.93
			6.9	61.63	11.43	65.52	1.39	12.64	3.49	17.24	1.58	4.60	32.38	66.25			7.18	18.75	4.18	15.00
杂色亚黏土	Q₄	东南 0.5 km	7.0	102.02	21.43	81.68	1.04	6.87	3.12	10.69	0.25	0.76	73.39	93.75					2.97	6.25

1.2.2 天然状态

黏性土的天然稠度和密度,不仅是表征土体天然状态的特征指标,也是影响和控制土体工程地质特性的基本指标。黄土因其高孔隙性和低含水率的特点而具有湿陷性,包括自重湿陷性或非自重湿陷性。虽然黄土状土继承了黄土的大部分基本特性,但并非所有黄土状土都具有湿陷性这一特性。随着土体密度增大和天然含水率增高,黄土状土的湿陷性会逐渐减弱甚至消失。

1.2.2.1 天然含水率

典型黄土的天然含水率均低于塑限含水率,即液性指数 $I_L \leq 0$,土体呈坚硬状态。黄河以北至北京段的黄土类土,天然含水率大多略高于塑限含水率但低于液限含水率,液性指数为 $0.25 < I_L \leq 0.75$,土体呈可塑状态。当然,土体天然含水状态除与黏粒含量有关外,与地下水的关系亦很密切。一般而言,受季节和降水量变化影响,土体表部厚 2.5 m 左右土层的含水率变化较大。

表征土体稠度状态的另一个指标是饱和度。随着土体饱和度的增加,黄土的湿陷性逐渐变弱,当黄土的饱和度 >75% 时,一般不再具有湿陷性。黄河以北黄土状土的饱和度相对较高,最低为 40% 左右,最高可达 95%,一般为 55% ~ 85%,这与所处地貌单元和气候条件密切相关。而黄河以南邙山及其附近分布的黄土,天然含水率大多为 5% ~ 10%,与西北地区典型黄土的含水率相近,仅相当于塑限含水率的 1/3 ~ 1/2。上覆黄土的饱和度为 8.0% ~ 23.2%,平均值为 15.6%,也仅相当于一般地区土体天然含水率的 1/2 左右;而下部接近中更新统(Q_2)离石黄土的层位,天然含水率却高达 30% 左右,土体呈近流塑状态。

1.2.2.2 天然密度

天然密度是控制和影响土体湿陷性、压缩性、力学强度及渗透性等工程地质特性的基本指标。随着天然密度的增加,土体的湿陷性、压缩性和渗透性减小,强度提高。一般认为,典型黄土的天然干密度 $\rho_d \leq 1.28$ g/cm³、天然含水率 $w < 8\%$ 时,均具有自重湿陷性。

黄河以北黄土状土天然干密度相对较高,从典型地段的试验成果分析,天然干密度多为 1.35 ~ 1.55 g/cm³,相应的孔隙比 e 为 0.75 ~ 0.95,绝大部分不具有自重湿陷性。

黄河以南邙山及其附近黄土的天然干密度亦较大,上部天然干密度为 1.38 ~ 1.48 g/cm³,平均值 1.43 g/cm³;下部天然干密度为 1.48 ~ 1.56 g/cm³,平均值 1.53 g/cm³;相应孔隙比上部为 0.82 ~ 0.95,平均值 0.89;下部为 0.72 ~ 0.83,平均值 0.78,仅表部土体具有弱自重湿陷性。

南水北调中线工程干线黄土类土的物理性质,详见表1-6、表1-7。

1.2.3 工程地质特性

1.2.3.1 压缩性

黄河以北的黄土类土,多属于全新世(Q_4)短距离搬运的次生黄土,成土时代相对较新,且多分布在地表以下浅层部位。因此,土体质地疏松,固结程度相对较差。一般具有高压缩特性,压缩系数 $a_{1-2} \geq 0.5$ MPa^{-1},压缩模量 $E_s < 5$ MPa;由于成因类型、成土环境和气候条件的不同,局部地段黄土类土呈中等或低压缩性,压缩系数 $a_{1-2} < 0.5$ MPa^{-1},压缩模量一般大于 5 MPa,高者可达 20~25 MPa,最大值达 31.81 MPa。

黄河以南邙山及其附近的马兰黄土,具有低压缩性特点,压缩系数 a_{1-2} 最高仅有 0.05~0.12 MPa^{-1},平均值 0.09 MPa^{-1},压缩模量 E_s 平均值为 24.0~25.2 MPa,属低压缩性黄土。

表1-6 黄河以北段黄土状土物理性质试验成果统计

地层时代	取样地点	天然含水率 w (%)	湿密度 ρ (g/cm^3)	干密度 ρ_d (g/cm^3)	比重 G_S	孔隙比 e	饱和度 S_r (%)	可塑性界限			液性指数 I_L
								液限 w_L (%)	塑限 w_P (%)	塑性指数 I_P	
Q$_4$	易县中罗村	17.6	1.73	1.47	2.27	0.86	55.9	25.4	15.3	10.1	0.23
Q$_3$		18.5	1.77	1.49	2.72	0.82	61.3	25.1	17.6	7.5	0.12
		18.4	1.72	1.45	2.72	0.87	57.4	24.6	17.6	7.0	0.11
		19.6	1.78	1.49	2.72	0.85	64.2	24.0	15.6	8.0	0.48
Q$_4$	易县孝村西	17.7	1.85	1.57	2.72	0.73	66.0	23.4	15.7	7.7	0.26
Q$_3$		19.8	1.73	1.44	2.71	0.88	61.2	27.8	17.9	9.9	0.19
		21.7	1.91	1.57	2.74	0.75	79.7	29.8	17.9	11.9	0.32
		22.8	1.92	1.56	2.74	0.75	83.0	29.2	18.9	10.3	0.38
		22.4	1.93	1.58	2.74	0.73	84.1	28.5	17.7	10.7	0.44
		25.0	1.90	1.52	2.75	0.81	85.0	30.0	17.6	12.4	0.60
Q$_4$	徐水县孙各庄	19.5	1.70	1.42	2.72	0.91	58.2	28.1	17.1	11.0	0.22
Q$_3$		23.1	1.86	1.51	2.74	0.81	78.1	30.5	19.0	11.5	0.36
		19.4	1.87	1.57	2.72	0.73	72.3	27.1	18.9	8.2	0.06
		23.1	1.93	1.57	2.72	0.73	86.1	25.9	17.9	8.0	0.65
		20.8	1.89	1.56	2.73	0.75	76.2	26.4	18.2	8.2	0.32
		22.0	1.89	1.55	2.73	0.76	79.0	26.9	16.5	10.4	0.53
Q$_4$	唐县水泥厂	17.5	1.60	1.36	2.73	1.01	47.5	24.5	15.7	8.7	0.21
		17.0	1.75	1.50	2.72	0.82	56.5	24.1	15.0	9.1	0.22
		21.2	1.83	1.51	2.73	0.81	71.6	28.2	17.5	10.7	0.35
Q$_3$		18.8	1.79	1.51	2.73	0.81	63.4	24.7	16.4	8.3	0.29
		20.7	1.63	1.35	2.73	1.02	55.4	25.9	17.4	8.5	0.39

地层时代	取样地点	天然含水率 w （%）	湿密度 ρ （g/cm³）	干密度 ρ_d （g/cm³）	比重 G_s	孔隙比 e	饱和度 S_r （%）	液限 w_L （%）	塑限 w_P （%）	塑性指数 I_P	液性指数 I_L
Q₃	唐县高昌庄	14.9	1.70	1.48	2.72	0.84	48.3	25.5	15.9	9.6	0.10
		18.6	1.74	1.47	2.74	0.87	58.7	25.6	15.2	10.4	0.33
		24.2	1.77	1.43	2.73	0.91	72.6	26.1	16.7	9.4	0.80
		23.9	1.70	1.37	2.74	1.00	65.5	30.0	18.3	11.7	0.48
		26.5						31.1	19.1	12.0	0.62
Q₄	磁县北西来	13.3	1.68	1.48	2.72	0.83	43.4	23.7	13.9	9.8	0.06
		13.2	1.58	1.40	2.70	0.93	38.1	25.1	14.2	10.9	0.09
		16.0	1.79	1.54	2.72	0.76	57.1	26.8	10.0	16.8	0.36
Q₄	磁县双庙村	25.7	1.74	1.38	2.71	0.96	72.6	28.9	17.5	11.4	0.72
		27.8	1.76	1.38	2.72	0.97	78.0	33.3	21.1	12.2	0.55
		20.9	1.79	1.48	2.72	0.84	67.7	32.4	20.6	11.8	0.03
Q₃		19.4	1.66	1.39	2.72	0.96	55.2	27.1	17.1	10.0	0.23
Q₄	磁县前稻田	19.2	1.75	1.47	2.71	0.85	61.5	26.4	14.8	11.6	0.38
		19.6	1.76	1.47	2.71	0.85	63.1	24.0	14.8	9.2	0.52
		19.3	1.75	1.47	2.72	0.85	61.5	23.0	14.3	8.7	0.57
		19.1	1.88	1.58	2.72	0.72	71.8	29.1	17.9	11.2	0.11
Q₃		14.1	1.66	1.45	2.72	0.87	44.1	22.2	12.0	10.2	0.21
Q₄	安阳市东梁村	15.6	1.59	1.38	2.71	0.97	43.6	28.5	18.6	9.9	0.30
		20.7	1.82	1.51	2.71	0.80	70.1	26.3	16.7	9.6	0.42
		21.8	1.84	1.51	2.70	0.79	74.8	28.2	19.0	9.2	0.30
		21.0	1.66	1.37	2.71	0.98	58.1	28.3	18.0	10.3	0.29
Q₃	安阳市西盖村	16.9	1.68	1.44	2.71	0.88	52.0	25.1	16.8	8.3	0.01
		15.5	1.70	1.47	2.71	0.84	50.0	24.9	16.6	8.3	0.13
		18.8	1.63	1.37	2.71	0.98	52.0	26.9	18.2	8.7	0.07
		22.3	1.76	1.44	2.71	0.88	68.4	26.6	18.2	8.4	0.49
		23.7	1.84	1.49	2.72	0.83	77.8	26.6	18.2	8.4	0.65
		23.6	1.95	1.58	2.72	0.72	88.7	27.8	18.2	9.6	0.56
		35.6	1.82	1.34	2.73	1.04	95.8	45.6	26.4	19.2	0.48

表 1-7 黄河以南段黄土类土物理性质试验成果统计

岩性名称	地层时代	取样地点	天然含水率 w（%）	湿密度 ρ（g/cm³）	干密度 ρ_d（g/cm³）	比重 G_s	孔隙比 e	饱和度 S_r（%）	可塑性界限 液限 w_L（%）	可塑性界限 塑限 w_P（%）	可塑性界限 塑性指数 I_P	液性指数 I_L
黄土	Q₄	荥阳新庄	12.7	1.55	1.38	2.68	36	0.95	26.7	18.6	8.1	<0
黄土	Q₄	荥阳新庄	18.6	1.72	1.45	2.69	59	0.85	29.3	20.5	8.8	<0
亚黏土		荥阳新庄	16.0	1.79	1.54	2.70	58	0.75	26.1	15.8	10.3	0.02
马兰黄土	Q₃	荥阳新庄	13.3	1.87	1.65	2.68	59	0.63	24.5	17.2	7.3	<0
马兰黄土	Q₃	荥阳新庄	15.2	1.79	1.55	2.68	56	0.72	27.7	20.0	7.7	<0
马兰黄土	Q₃	荥阳新庄	15.4	1.74	1.51	2.68	53	0.78	27.7	19.0	8.7	<0
马兰黄土	Q₃	荥阳新庄	16.6	1.71	1.47	2.68	54	0.83	27.0	19.0	8.0	<0
马兰黄土	Q₃	荥阳新庄	17.9	1.71	1.45	2.70	56	0.86	27.9	17.6	10.3	0.03
马兰黄土	Q₃	荥阳新庄	29.3*	1.91*	1.48	2.70	95*	0.83	27.9	17.6	10.3	1.14
古土壤	Q₄	郑州贾寨	9.2						24.1	16.3	7.8	<0
古土壤	Q₄	郑州贾寨	10.3	1.54	1.40	2.68	30	0.92	24.8	16.3	8.5	<0
马兰黄土	Q₃	郑州贾寨	10.6	1.57	1.42	2.68	32	0.89	25.3	17.2	8.1	<0
马兰黄土	Q₃	郑州贾寨	4.4	1.47	1.41	2.68	13	0.90	22.2	14.9	7.3	<0
马兰黄土	Q₃	郑州贾寨	6.6	1.58	1.48	2.67	22	0.80	22.0	16.3	5.7	<0
离石黄土	Q₂	郑州贾寨	22.5	1.83	1.50	2.71	75	0.81	31.0	19.5	11.5	0.26
黄土	Q₄	新郑前张庄	18.6	1.60	1.35	2.69	50	0.99	26.4	16.7	9.7	0.20
古土壤	Q₄	新郑前张庄	19.1	1.76	1.48	2.72	62	0.84	31.1	17.2	13.9	0.14
黄土状土	Q₄	新郑前张庄	18.4	1.71	1.45	2.69	57	0.86	28.9	19.5	9.4	<0
亚黏土	Q₄	新郑前张庄	18.7	1.73	1.46	2.70	59	0.85	26.7	15.8	10.9	0.27
古土壤	Q₄	禹县王集	14.9	1.66	1.44	2.69	47	0.86	25.3	15.8	9.5	<0
古土壤	Q₄	禹县王集	18.3	1.80	1.52	2.71	63	0.78	28.3	16.3	12.0	0.17
古土壤	Q₄	禹县王集	17.7	1.65	1.40	2.70	52	0.93	25.6	14.9	10.7	0.26
马兰黄土	Q₃	禹县王集	19.8	1.69	1.41	2.70	58	0.91	28.1	17.2	10.9	0.24
黄土状土	Q₄	郏县老庄	17.7	1.72	1.46	2.70	56	0.85	26.8	16.3	10.5	0.13
黄土状土	Q₄	郏县老庄	18.8	1.79	1.51	2.72	64	0.81	29.3	16.7	12.6	0.17
黄土状土	Q₄	郏县老庄	19.4	1.77	1.48	2.72	63	0.83	29.1	16.3	12.8	0.24
黄土状土	Q₄	郏县老庄	20.2	1.77	1.47	2.70	65	0.83	28.1	17.2	10.9	0.28
黄土	Q₄	郏县泸河村	18.2	1.85	1.57	2.71	67	0.73	26.6	15.4	11.2	0.25
古土壤	Q₄	郏县泸河村	20.3	1.86	1.55	2.72	73	0.76	31.8	18.1	13.7	0.16
古土壤	Q₄	郏县泸河村	22.3	1.89	1.55	2.72	79	0.77	34.6	18.6	16.0	0.23
亚黏土	Q₄	郏县泸河村	28.8	1.73	1.34	2.73	76	1.03	37.0	21.0	16.0	0.49
黄土	Q₄	禹县古城村	17.2	1.63	1.39	2.70	49	0.94	25.6	15.4	10.2	0.18
古土壤	Q₄	禹县古城村	18.3	1.75	1.48	2.71	60	0.83	27.3	15.8	11.5	0.22
马兰黄土	Q₃	禹县古城村	19.9	1.80	1.50	2.72	67	0.81	29.3	16.3	13.0	0.28

注：* 为饱和快剪试验结果。

1.2.3.2 湿陷性

湿陷性是指黄土在一定荷载下,因浸水而发生压缩变形的性质。根据上部荷载性质的不同,可将黄土湿陷性分为自重湿陷性和非自重湿陷性。这是我国学者在总结国内外对黄土研究成果的基础上,提出的分析黄土湿陷性的完整概念,形成并不断发展了相应的测试方法。

南水北调中线工程黄河以北至北京干渠,黄土状土分布深度在地表下 5 m 以内,大多为非自重湿陷性黄土。湿陷起始压力 P_s 在 35 ~ 200 kPa,湿陷系数 δ_s = 0.015 ~ 0.070,属于弱—中等湿陷性。局部地段洪积成因的黄土状土中,夹有自重湿陷性黄土,其自重湿陷系数 δ_{zs} 多小于 0.015。磁县局部地段的黄土状土达到强湿陷性,其湿陷系数为 0.070 ~ 0.087,具有低密度、低含水率的特征,是黄河以北黄土状土工程地质性质最差的地段。

黄河以南邙山—孤柏嘴及其以南地段,黄土类土天然含水率低,干密度相对较大,呈中等—低压缩性,土体力学强度相对较高,多为非自重湿陷性黄土,且多呈弱—中等湿陷性,湿陷起始压力 $P_s \geqslant 50$ kPa。邙山局部及以南的部分地段,似黄土高原的东延部分,呈自重湿陷性。

1.2.3.3 渗透性

依颗粒组成划分,黄土类土属黏性土或粉土,局部属少黏性土。但其颗粒组成主要为极细砂粒和粉粒,黏粒和胶粒含量较少。黏土颗粒和碳酸盐等以集合体的形式吸附在粗颗粒的表面,形成较松散的骨架结构,局部土体中尚有大孔隙发育,因此土体渗透性往往较强。黄河以北的黄土状土渗透性很不均一,地表附近土的渗透系数 K 可达 $n \times 10^{-4}$ cm/s,下部黄土类土渗透系数 K 大多为 $n \times 10^{-5}$ cm/s。

南水北调中线工程黄土类土的力学性质详见表 1-8、表 1-9。

1.2.3.4 强度特性

典型黄土天然含水率低,黏粒含量少但含盐量较高,故其天然状态下的力学强度较高,无水洞室或高边坡土体的自稳能力较强。但黄河以北黄土状土天然含水率相对较高,土体力学强度较低,摩擦角 φ 平均值为 22.19°,黏聚力 c 平均值仅 0.039 MPa,力学强度指标明显低于典型黄土。

从自然快剪和饱和快剪的试验成果对比分析,饱和快剪的黏聚力降低值较大,降低幅度近 35%;而摩擦角的降低幅度则相对较小,但亦接近 15%,如表 1-10 所示。产生这一现象的重要原因,是土体吸入了大量的水而达到饱和状态,易溶盐被溶解,从而使土颗粒彼此失去连接力,造成土体强度大大降低,摩擦角和凝聚力的衰减值最大分别为 71.43% 和 89.1%,充分反映了黄土状土的水理特性。因此,当黄土状土作为水利工程地基土体时,应充分考虑在水环境作用下力学强度的变化特性,并以此来评价工程土体。

周瑞光对黄土的瞬时强度和长期强度进行了较深入的研究。认为黄土具有明显的流动变形特性,且起始流变应力仅是土体破坏应力的 1/4 ~ 1/3;摩擦角长期强度仅为瞬时强度的 50%,黏聚力的长期强度仅为瞬时强度的 15% ~ 24%。土体浸水后的流变强度远小于天然土体的流变强度,前者强度仅相当于后者强度的 70% 左右,如表 1-11 ~ 表 1-13 所示。这一特性要求地质工程师在选取土体参数时,应充分考虑工程建筑物对地基土体的影响和可能引发的环境地质问题。

表 1-8　黄河以北段黄土状土力学性质试验成果统计

地层时代	取样地点	直剪试验		静三轴快剪		固结试验						渗透试验	自重湿陷系数 δ_{zs}	湿陷起始压力 P_s (kPa)
		摩擦角 φ (°)	凝聚力 c (MPa)	摩擦角 φ (°)	凝聚力 c (MPa)	压缩系数 a_{1-2} (MPa^{-1})	压缩模量 E_s (MPa)	压缩系数 a_{2-3} (MPa^{-1})	压缩模量 E_s (MPa)	压缩系数 a_{3-4} (MPa^{-1})	压缩模量 E_s (MPa)	垂直方向渗透系数 K_{10} (m/s)		
Q4	易县中罗村	34.3	0.008			0.58	3.20	0.59	3.07	0.52	3.36			67
Q3		25.6	0.055			0.07	24.11	0.09	19.26	0.10	16.96			200
						0.30	6.16	0.44	4.18	0.32	5.52	1.37×10^{-4}	0.006	108
						0.15	12.60	0.12	15.60	0.28	6.44	1.84×10^{-4}	0.025	55
Q4	易县孝村西	31.0	0.022	19.8*	0.019*	1.07	1.76	0.69	2.59	0.49	3.46			66
		14.4	0.081			0.61	3.00	0.56	3.18	0.45	3.84	3.5×10^{-5}		
Q3		23.7	0.053			0.07	24.75	0.06	27.43	0.07	25.87	1.01×10^{-4}	0.006	
		18.5	0.075			0.16	10.62	0.07	23.18	0.09	17.95	1.15×10^{-4}	0.002	
		9.9	0.068			0.07	23.78	0.08	21.13	0.08	19.96	1.14×10^{-4}	0.005	
		26.4	0.033			0.12	14.63	0.14	12.31	0.20	8.55			
Q4	徐水孙各庄	18.5	0.087			0.46	3.89	0.50	3.59	0.47	3.70			113
Q3		27.5	0.013			0.09	18.96	0.09	19.81	0.09	20.76			230
		17.9	0.053			0.11	15.90	0.12	14.52	0.13	12.97			286
		26.1	0.031			0.09	17.85	0.10	17.43	0.10	17.48	1.12×10^{-4}	0.004	
		16.1	0.036			0.11	15.14	0.11	15.90	0.12	13.59		0.003	
						0.14	12.70	0.13	13.78	0.13	13.02		0.002	

续表 1-8

地层时代	取样地点	直剪试验 摩擦角 φ (°)	直剪试验 凝聚力 c (MPa)	静三轴快剪 摩擦角 φ (°)	静三轴快剪 凝聚力 c (MPa)	固结试验 压缩系数 a_{1-2} (MPa⁻¹)	固结试验 压缩模量 E_s (MPa)	固结试验 压缩系数 a_{2-3} (MPa⁻¹)	固结试验 压缩模量 E_s (MPa)	固结试验 压缩系数 a_{3-4} (MPa⁻¹)	固结试验 压缩模量 E_s (MPa)	渗透试验 垂直方向渗透系数 K_{10} (m/s)	自重湿陷系数 δ_{zs}	湿陷起始压力 P_s (kPa)
Q_4	唐县水泥厂	30.5	0.001			1.20	1.61	0.82	2.22	0.58	2.97			62
		24.8	0.032			0.63	2.83	0.48	3.59	0.40	4.14			80
		23.7	0.055	22.8	0.026	0.09	19.78	0.07	22.66	0.12	14.48	2.10×10^{-4}	0.004	
Q_3		20.9	0.049			0.31	5.84	0.36	4.96	0.37	4.72			220
		19.7	0.041			0.13	14.68	2.13	0.90	0.46	3.74	3.70×10^{-5}	0.001	168
						0.33	5.45	0.43	4.20	0.36	4.79			160
Q_3	唐县高昌庄	25.9	0.021			0.13	14.79	0.26	7.19	0.39	4.68			
		23.7	0.040			0.21	8.5	0.30	5.84	0.49	3.60	8.5×10^{-5}	0.014	140
		17.3	0.036			0.34	5.53	0.60	3.08	0.53	3.33		0.014	83

续表 1-8

地层时代	取样地点	直剪试验		静三轴快剪		固结试验						渗透试验	自重湿陷系数 δ_{zs}	湿陷起始压力 P_s (kPa)
		摩擦角 φ (°)	凝聚力 c (MPa)	摩擦角 φ (°)	凝聚力 c (MPa)	压缩系数 a_{1-2} (MPa^{-1})	压缩模量 E_s (MPa)	压缩系数 a_{2-3} (MPa^{-1})	压缩模量 E_s (MPa)	压缩系数 a_{3-4} (MPa^{-1})	压缩模量 E_s (MPa)	垂直方向渗透系数 K_{10} (m/s)		
Q4	磁县北西来村	21.6	0.026			0.29	6.16	0.42	4.18	0.40	4.27			65
		35.2	0.003			0.34	5.12	0.43	3.91	0.41	4.05			50
						0.10	17.72	0.10	17.62	0.12	14.28			369
Q4	磁县双庙村	16.2	0.023			0.26	7.83	0.90	2.19	0.44	3.99		0.01	50
						0.56	3.31	0.08	25.25	0.82	2.30		0.006 5	77
		22.8	0.037			0.22	8.36	0.32	5.61	0.39	4.48			
Q3		24.2	0.030			0.14	13.44	0.91	2.07	0.57	3.14		0.013	82
		21.0	0.044			0.85	2.14	0.72	2.41	0.42	3.98			100
Q4	磁县前稻田	11.2	0.041			0.35	4.86	0.38	4.39	0.33	5.01			110
		25.3	0.015			0.89	1.95	0.64	2.57	0.32	4.80		0.002	174
						0.14	11.99	0.24	6.95	0.39	4.24		0.003	240
Q3		26.9	0.022			0.72	2.59	0.62	2.90	0.30	5.85		0.053	50

续表 1-8

地层时代	取样地点	直剪试验		静三轴快剪		固结试验						渗透试验	自重湿陷系数 δ_{zs}	湿陷起始压力 P_s (kPa)
		摩擦角 φ (°)	凝聚力 c (MPa)	摩擦角 φ (°)	凝聚力 c (MPa)	压缩系数 a_{1-2} (MPa^{-1})	压缩模量 E_s (MPa)	压缩系数 a_{2-3} (MPa^{-1})	压缩模量 E_s (MPa)	压缩系数 a_{3-4} (MPa^{-1})	压缩模量 E_s (MPa)	垂直方向渗透系数 K_{10} (m/s)		
Q₄	安阳市东梁村	22.6	0.052			0.25	7.57	0.41	4.64	0.38	4.87			195
		18.5	0.056			0.08	23.13	0.08	21.97	0.10	16.99			
		23.9	0.051			0.06	29.14	0.05	32.37	0.06	26.60		0.002 6	390
		24.8	0.044			0.09	20.68	0.11	15.89	0.23	7.93		0.007	177
		26.9	0.025			0.09	19.82	0.14	12.56	0.19	9.68		0.004 6	
		20.9	0.032			0.13	14.54	0.17	11.36	0.19	9.71		0.011	160
		26.6	0.014			0.09	20.46	0.14	13.21	0.20	9.15		0.003 9	
Q₃	安阳市西盖村西南	26.9	0.018			0.26	7.24	0.39	4.68	0.31	5.76		0.003	
		26.9	0.020			0.08	23.30	0.008	23.20	0.10	17.56		0.002 3	
		26.1	0.043			0.05	31.81	0.05	33.90	0.05	35.65		0.001 5	
		12.4	0.075			0.12	17.59	0.15	14.17	0.29	7.11		0.002 7	

注：* 为饱和快剪试验结果，下同。

表 1-9 黄河以南段黄土类土力学性质试验成果统计

岩性名称	地层时代	取样地点	直剪试验 摩擦角 φ(°)	直剪试验 凝聚力 c(MPa)	静三轴快剪 摩擦角 φ(°)	静三轴快剪 凝聚力 c(MPa)	固结试验 压缩系数 a_{1-2}(MPa^{-1})	固结试验 压缩模量 E_s(MPa)	固结试验 压缩系数 a_{2-3}(MPa^{-1})	固结试验 压缩模量 E_s(MPa)	固结试验 压缩系数 a_{3-4}(MPa^{-1})	固结试验 压缩模量 E_s(MPa)	渗透试验 垂直方向渗透系数 K_{10}(m/s)	湿陷系数 δ_s	自重湿陷系数 δ_{zs}	湿陷起始压力 P_s(kPa)
黄土	Q$_4$	荥阳新庄					0.36	5.3	0.33	5.7	0.24	7.7		0.037	0.007	26
黄土	Q$_4$	荥阳新庄	27.0	12			0.23	7.9	0.22	8.2	0.22	8.2	7.31×10^{-5}	0.017	0.003	60
亚黏土		荥阳新庄	25.0	57			0.23	7.4	0.21	8.0	0.19	8.8	1.51×10^{-4}	0.040	0.003	28
亚黏土		荥阳新庄	27.5	60			0.07	23.0	0.06	26.7	0.05	31.9		0.005	0.005	
马兰黄土	Q$_3$	荥阳新庄	30.5	41			0.10	17.0	0.09	18.7	0.09	18.6	4.80×10^{-6}	0.005	0.003	346
马兰黄土	Q$_3$	荥阳新庄	29.5	35			0.13	12.6	0.10	17.5	0.10	17.4	1.10×10^{-5}	0.009	0.006	335
马兰黄土	Q$_3$	荥阳新庄	25.0	45			0.17	10.6	0.17	10.5	0.17	10.4	6.50×10^{-6}	0.007	0.005	164
马兰黄土	Q$_3$	荥阳新庄	24.0	42	26.5	22	0.14	13.1	0.24	7.6	0.34	5.3		0.017	0.006	
马兰黄土	Q$_3$	荥阳新庄	21*	23*	6*	40*										
古土壤	Q$_4$	郑州贾寨					0.43	4.4	0.36	5.1	0.24	7.5	3.13×10^{-5}	0.036	0.005	70
马兰黄土	Q$_3$	郑州贾寨	25.5	12			0.25	7.5	0.33	5.6	0.29	6.2	7.94×10^{-5}	0.060	0.004	85
马兰黄土	Q$_3$	郑州贾寨	20.0	50			0.09	20.9	0.12	15.6	0.13	14.3	1.69×10^{-4}	0.115	0.012	14
离石黄土	Q$_2$	郑州贾寨	27.5	20			0.03	60.0	0.03	4.1	0.03	60.0	1.07×10^{-5}	0.001	0.001	
黄土	Q$_4$	新郑	32.0	48			0.89	2.1	0.56	3.2	0.34	5.2	2.04×10^{-4}	0.042	0.007	42
古土壤	Q$_4$	新郑	25.5	12			0.27	6.7	0.40	3.8	0.37	4.7	6.19×10^{-5}	0.026	0.000	60
次生黄土	Q$_4$	前张庄	25.0	20			0.19	9.7	0.24	2.3	0.21	8.6	7.49×10^{-5}	0.019	0.001	134
亚黏土	Q$_4$	前张庄	21.0	48			0.31	5.9	0.44	3.5	0.41	4.3		0.046	0.001	79

岩性名称	地层时代	取样地点	直剪试验 摩擦角 φ (°)	直剪试验 凝聚力 c (MPa)	静三轴快剪 摩擦角 φ (°)	静三轴快剪 凝聚力 c (MPa)	固结试验 压缩系数 a_{1-2} (MPa^{-1})	固结试验 压缩模量 E_s (MPa)	压缩系数 a_{2-3} (MPa^{-1})	压缩模量 E_s (MPa)	压缩系数 a_{3-4} (MPa^{-1})	压缩模量 E_s (MPa)	渗透试验 垂直方向渗透系数 K_{10} (m/s)	湿陷系数 δ_s	自重湿陷系数 δ_{zs}	湿陷起始压力 P_s (kPa)
古土壤	Q$_4$	禹县张得乡王集					0.57	3.2	0.55	3.0	0.40	4.3		0.037	0.003	70
							0.29	6.0	0.46	6.1	0.41	4.1			0.000	172
							1.00	1.9	0.77	5.8	0.50	3.4		0.044	0.003	44
马兰黄土	Q$_3$	郏县	20.0	46			0.26	7.3	0.54	5.1	0.50	3.6	1.60×10^{-4}	0.050	0.002	130
黄土状土	Q$_4$	渣园乡老庄南	22.0	33			0.64	2.9	0.59	8.1	0.41	4.2	1.38×10^{-4}	0.037	0.000	66
			25.5	31			0.21	8.5	0.29	7.9	0.31	5.6	8.80×10^{-5}	0.027	0.001	150
			18.5	50			0.16	11.3	0.31	7.2	0.38	4.7	3.15×10^{-5}	0.034	0.001	
			22.0	37			0.19	9.5	0.35	2.5	0.37	4.7	2.75×10^{-5}	0.026	0.001	198
全新世黄土		郏县	21.0	29			0.17	10.0	0.21	2.5	0.18	9.3	4.39×10^{-5}	—	0.002	133
古土壤	Q$_4$	泞河村	24.5	43			0.13	13.4	0.22	3.8	0.27	6.3	1.50×10^{-4}	0.013	0.000	240
			21.0	48			0.13	13.5	0.24	4.4	0.27	6.3	7.27×10^{-5}	0.006	0.000	270
亚黏土			22.5	42			0.58	3.5	0.77	0.74	0.74	2.5	2.23×10^{-5}	0.021	0.001	94
全新世黄土	Q$_4$	禹县	22.5	21			1.15	1.6	0.70	0.40	0.40	4.2		0.044	0.001	40
古土壤		古城	23.0	33			0.39	4.6	0.47	0.38	0.38	4.5		0.032	0.001	104
马兰黄土	Q$_3$	村	25.0	31			0.20	9.0	0.40	0.24	0.42	4.1	2.08×10^{-4}	0.031	0.002	167

表 1-10 黄土类土自然快剪和饱和快剪试验成果统计

岩性名称	取样深度 (m)	含水率 w (%)	密度 ρ (g/cm³)	干密度 ρ_d (g/cm³)	孔隙比 e	饱和度 S_r (%)	塑性指数 I_P	自然土强度 c (MPa)	自然土强度 φ (°)	饱和土强度 c_s (MPa)	饱和土强度 φ_s (°)	强度衰减(%) $\dfrac{c-c_s}{c}$	强度衰减(%) $\dfrac{\varphi-\varphi_s}{\varphi_s}$	试验方法
黄色粉土	2.8~3.0	18.4	1.72	1.45	0.87	57.4	7.0			0.0	26.4			平面快剪
粉质黏土	2.5~2.7	22.8	1.92	1.56	0.75	83.0	10.3	0.053 3	23.7	0.059 0	19.7	-11.32	16.88	平面快剪
黄土状土	2.35~2.50	19.4	1.87	1.57	0.73	72.3	8.2	0.013	27.5	0.006	25.9	54.00	5.82	平面快剪
黄土状土	2.8~3.0	18.8	1.79	1.51	0.81	63.4	8.3	0.049	20.9	0.027	17.9	44.90	14.35	平面快剪
黄色粉土	3.2~3.5	19.6	1.78	1.49	0.83	64.2	8.4	0.026	22.8	0.019	19.38	26.92	13.16	三轴压缩
古土壤	1.80~2.0	16.1	1.82	1.57	0.74	59.4	12.5	0.079	28.2	0.045	12.5	43.04	55.67	平面快剪
古土壤	2.8~3.0	21.8	1.84	1.51	0.82	72.8	15.4	0.080	27.7	0.036	22.3	55.00	19.50	平面快剪
黄土状土	4.0~4.25	15.5	1.70	1.47	0.84	50.0	8.3	0.032	20.9	0.005	22.3	84.38	6.70	平面快剪
黄土状土	3.8~4.0	22.3	1.68	1.37	0.9	61.5	13.8	0.128	20.8	0.014	12.4	89.10	-67.74	三轴压缩
马兰黄土	2.85~3.0	16.2	1.75	1.51	0.78	56.0	8.2	0.027	27.5	0.021	24.5	22.22	10.91	平面快剪
马兰黄土	7.35~7.50	17.9	1.71	1.45	0.86	56.0	10.3	0.042	24.03	0.023	21.0	45.24	12.50	平面快剪
马兰黄土	7.35~7.5	17.9	1.71	1.45	0.86	56.0	10.3	0.023	21.0	0.040	6.0	-73.90	71.43	三轴压缩
平均值								0.050	23.33	0.025	19.93	34.50	14.47	—

表 1-11　黄土天然、浸水状态下单轴、三轴流变试验成果统计

名称	密度 ρ (g/cm³)	含水率 w (%)	干密度 ρ_d (g/cm³)	孔隙比 e	饱和度 S_r (%)	抗压强度 (MPa)	变形模量 (MPa)	黏滞系数 $11 \times n10^{12}$ (Pa·s)	起始流变应力 (MPa)	瞬时强度 φ (°)	瞬时强度 c (MPa)	长期强度 φ (°)	长期强度 c (MPa)	样品状态	试验方法	破坏类型
马兰黄土	1.46	8.85	1.34	1.01	23.66	0.46	20.38	8.29	0.15					天然	单轴流变	剪切破坏
	1.52	8.62	1.40	0.78	29.84	0.44	18.98	3.33	0.19	23.0	0.07	12.0	0.01	天然	三轴流变	流动破坏
	1.55	6.74	1.45	0.87	20.92	0.24	15.60	4.25	0.08					天然	单轴	剪破坏
	1.84	21.06	1.52	0.78	72.90	0.26	8.61	0.55	0.093	14.5	0.06	8.7	0.01	浸水	三轴流变	塑性流动破坏
	1.66	6.32	1.56	0.73	23.38	0.70	25.28	7.88	0.23	30.0	0.09	14.0	0.021	天然	三轴流变	剪切流动破坏
离石黄土	1.60	6.16	1.51	0.79	21.05	0.26	18.50	3.39	0.11					天然	单轴	剪破坏
	1.87	20.06	1.56	0.73	74.19	0.36	10.43	0.84	0.11	16.5	0.09	9.6	0.01	浸水	三轴流变	塑性流动破坏
古土壤										17.5	0.20			天然	三轴	

注：引自周端光等，下同。

表 1-12 饱和黄土瞬时强度和长期强度试验成果统计

| 岩性名称 | 天然黄土 | | | | | | 饱和浸水黄土 | | | | | | 浸水软化效应 | |
| | 瞬时强度 | | 长期强度 | | 长期强度/瞬时强度 | | 瞬时强度 | | 长期强度 | | 长期强度/瞬时强度 | | 瞬时强度 | |
	φ (°)	c (MPa)	φ (°)	c (MPa)	φ (%)	c (%)	φ (°)	c (MPa)	φ (°)	c (MPa)	φ (%)	c (%)	φ (°)	c (MPa)
马兰黄土	23.0	0.07	12.0	0.01	52.00	14.29	14.5	0.06	8.70	0.01	60.0	16.67	63.04	85.71
离石黄土	30.0	0.09	14.0	0.021	46.67	23.33	16.5	0.09	9.6	0.01	58.18	11.11	55.00	100.00

表 1-13 孤柏嘴黄土的瞬时强度和长期强度对比

| 岩性名称地层时代 | | 土样状态 | 瞬时强度指标 | | 长期强度指标 | | $n_t = (c_\infty + \sigma\tan\varphi_\infty)/(c_f + \sigma\tan\varphi_f)$ | | |
			c_f (×10⁵ Pa)	φ_f (°)	c_∞ (×10⁵ Pa)	φ_∞ (°)	$\sigma = 1\times10^5$ Pa	$\sigma = 3\times10^5$ Pa	$\sigma = 5\times10^5$ Pa
马兰黄土	Q_3^3	稍湿	0.22	27.8	0.09	25.0	0.75	0.83	0.85
	Q_3^2	稍湿	0.26	28.3	0.11	25.5	0.74	0.82	0.85
	Q_3^1	稍湿	0.26	26.7	0.30	24.0	0.62	0.74	0.79
红色土		可塑	0.29	30.4	0.10	24.3	0.63	0.71	0.73
		硬塑	0.71	25.1	0.23	20.1	0.51	0.63	0.67
离石黄土		软塑	0.30	21.3	0.10	17.0	0.59	0.69	0.72
		可塑	0.35	26.1	0.12	21.0	0.60	0.70	0.73
		硬塑	0.50	29.6	0.17	23.7	0.57	0.67	0.71

1.3 黄土类土主要工程地质问题

黄土类土的物质组成和物理化学特性,决定了土体的基本特性——湿陷性、较强透水性和低强度等特性。但是,黄土类土的湿陷性强弱和发生湿陷的应力环境有着较大的差别,而且粉粒含量较高,土体的渗透性相对较强,土体具有的毛细力较小,这是短距离再搬运次生黄土的一个共有特性。同时,天然土体的瞬时强度远大于其长期强度,是对这一特性的验证。对于渠道工程而言,黄土类土的上述特性,决定了工程土体可能存在一系列环境地质问题,诸如湿陷破坏、渗透破坏及其他水文地质环境等问题。

1.3.1 渠道边坡土体湿陷破坏

工程实践表明,湿陷破坏是渠道边坡土体的主要环境地质问题。在南水北调中线工程黄土类土分布地段,地下水位一般埋深较大。根据渠道填挖方式,我们着重讨论湿陷破坏的几种主要形式及其土体加固工程设计的有关问题。

1.3.1.1 填方渠道

填方渠道湿陷破坏形式如图 1-1 所示。

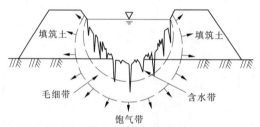

图 1-1 填方渠道湿陷破坏示意图

在黄土类土上填筑渠堤,渠水位以下渠坡和渠底土体,由于渠水入渗而形成饱气带、毛细带,使堤基土体产生湿陷,渠坡土体被拉裂下沉。

如果渠基土体为非自重湿陷性黄土,当地基土体附加荷载达到其湿陷起始压力时,亦有产生类似形式破坏的可能,但破坏程度较湿陷性黄土要轻。

对于此类土体工程的加固设计,当湿陷性黄土厚度 <5 m 左右时,采用强夯加固方式是适宜的,但应再进行严格的防渗处理。

当湿陷性黄土厚度较大时,限于强夯动能的传递影响范围,采用强夯往往不能使下部土体加密或破坏土体原始结构,应当采用翻挖压实的办法加固地基,再做适当的防渗处理。

1.3.1.2 半挖半填渠道

半挖半填渠道湿陷破坏形式如图 1-2 所示。

如果渠道地基为湿陷性黄土,渠底部将产生较大的湿陷破坏,甚至危害部分填筑渠坡土体的稳定。

为保证渠道的安全运行,对黄土分布段应做加固和防渗处理。如果渠基土体为黄土类土,其特性为非自重湿陷性黄土,由于渠底及附近渠坡土体附加荷载较大,可能产生轻

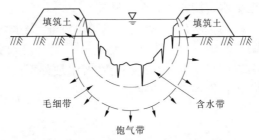

图 1-2　半挖半填渠道湿陷破坏示意图

微的湿陷破坏,应采取加固和防渗措施处理。

1.3.1.3　挖方渠道

挖方渠道湿陷破坏形式如图 1-3 所示。

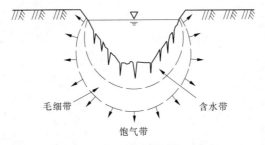

图 1-3　挖方渠道湿陷破坏示意图

如果渠基土体为湿陷性黄土,渠坡土体湿陷破坏将是非常严重的,对渠基土体必须进行加固,并进行有效的防渗处理。

如果渠基土体为非自重湿陷性黄土类土,且分布在表部,则对渠道不会有较明显的破坏,但仍需做好必要的防渗处理。

1.3.2　渠道土体渗漏

黄土类土孔隙较大,结构相对松散,渗透性较强,渗透系数大多在 $n \times 10^{-4}$ cm/s 左右,渠道产生渗漏是毋庸置疑的,仅是渗漏量的大小而已。

根据渠道渗漏与地下水位埋深关系,在不考虑黄土类土遇水湿陷的情况下,我们讨论渠道土体渗漏的几种类型。

1.3.2.1　地下水位埋深较大时的渗漏形式

对于全填方渠道,如图 1-4(a)所示,地下水位埋深在毛细水带以下时,渠水将向堤内和深部土体产生毛细蒸发渗漏。毛细蒸发渗漏与土体具有的毛细力、起始水力坡度和蒸发方向有关,但黄土类土一般渗漏量不太大,不会对环境水文地质产生太大的影响,反映的仅是渠水量的减少。但毛细水长期蒸发渗漏,是否对水文地质环境造成不利影响,甚至引发环境水文地质问题,还需予以深入分析。

对半挖半填修筑的渠道(见图 1-4(b))和全挖方修筑的渠道(见图 1-4(c)),当没有防渗措施时,同样产生毛细蒸发渗漏。

1.3.2.2 地下水位与毛细水带接触时的渗漏形式

从图 1-5(a)、(b)、(c)可以看出,三种类型的渠道渗漏,渠水均以毛细水的运动形式补给地下水。由于渗漏量小,地下水位不会有大幅上升,对环境水文地质条件不会产生明显的改变。但对填方渠道(见图 1-5(a))是否会在背水坡外形成条带状的散浸区或浸没区,在工程地质勘察中应进行详细深入的研究。

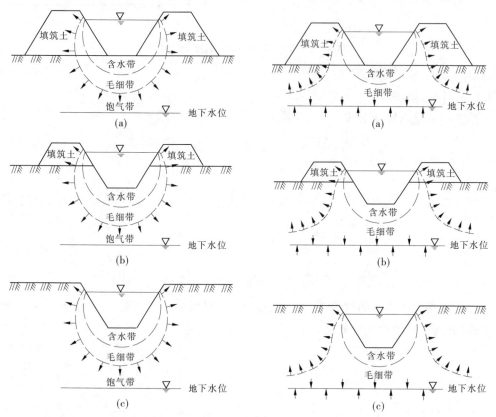

图 1-4　渠道毛细水蒸发渗漏示意图　　　图 1-5　地下水位与毛细带相接时渗漏示意图

1.3.2.3 地下水位与含水带相接时的渗漏形式

图 1-6 表示渠水基本以重力水的形式渗漏,且渗漏量相对较大。同时,会使地下水位逐渐抬高,改变渠道环境水文地质条件。尤其是全填方修筑的渠道(见图 1-6(a)),可能在背水坡外造成盐渍化甚至沼泽化,使渠道附近水文地质环境恶化。而半挖半填方修筑的渠道(见图 1-6(b)),较全填方渠稍好。全挖方渠道(见图 1-6(c))则相对安全。

1.3.2.4 地下水位位于渠底板及其附近时的渗漏形式

地下水位位于渠底板附近的渠道类型,主要有挖方(见图 1-7(a))、半挖半填(见图 1-7(b))修筑的渠道。

两种类型渠水以大量的重力水运动形式渗漏,渗漏量相对较大,渠道周边地下水位会有不同程度的抬升。随着时间的延续,地下水位抬升到一定程度后,毛细水带可能会升至背水坡外地表,造成地表毛细水蒸发,形成盐渍化。尤其半挖半填修筑的渠段,地下水位上部的含水带接近背水坡外地表时,可能会形成沼泽化。

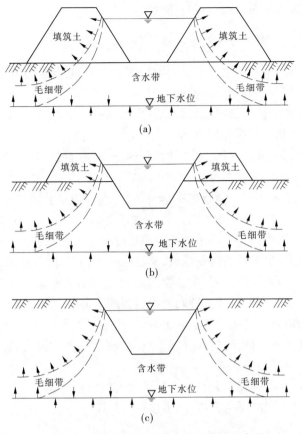

(a)

(b)

(c)

图1-6　地下水位与含水带相接时渗漏示意图

1.3.2.5　地下水位位于渠底板以上时的渗漏形式

在挖方(见图1-8(a))和半挖半填(见图1-8(b))修筑的渠道,当地下水位高于渠底板时,渠水将与地下水紧密联系在一起,渠水大部分以重力水的形式补给地下水,使渠道

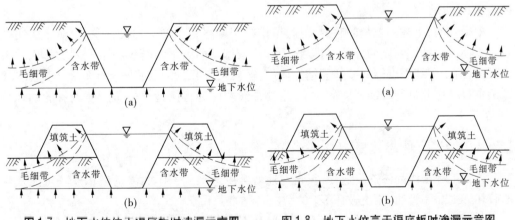

图1-7　地下水位位于渠底板时渗漏示意图　　　图1-8　地下水位高于渠底板时渗漏示意图

附近地下水位迅速抬升,在半挖半填渠道背水坡外可能形成盐渍化或沼泽化,恶化渠道两

岸水文地质环境,施工时应采取有效的排水措施。

1.3.3　渠道土体抗冲强度

我们知道,岩体的抗冲刷强度不是由岩块强度决定的,而是由岩体结构及其破裂结构面与水流方向的组合形式决定的。因而,岩块的力学强度虽然较高,但当破裂结构面与水流方向组合形式不利于抗冲刷时,岩体极易被冲刷破坏;反之,岩块强度虽然较低,但岩体完整性较好时,岩体却不易被冲刷破坏。

黄土类土土体为松散结构体,由不同粒径的土颗粒组成。显而易见,土体结构、粒径及其组成,决定了土体的抗冲强度。土体中土粒间为水(结合水)联结结构,其结构强度通常采用密实程度来表达。土体越密实,土粒间的水呈强结合水较多,联结力越强,其抗冲刷强度相对较强;反之,土粒间联结力弱,土体呈散粒结构状态,抗冲刷强度就弱。

除此之外,土粒大小也是影响土体抗冲刷强度的一个重要因素。当土体密度相似时,土体组成颗粒越粗大,单颗粒重度就越大,其抗冲强度相对越高;反之,其抗冲刷强度相对较低。所以说,土体自身结构强度,对工程土体的抗冲刷强度起着非常显著的作用,即土体颗粒组成和土体密实程度是其抗冲刷能力强弱的决定性因素。

黄河以北太行山前再搬运的黄土状土,颗粒组成以粉粒级为主,密实程度差,土体疏松。即使不考虑其湿陷特性,其抗冲刷强度也是很弱的,由其构成的渠坡和渠底土体,在水流作用下极易产生冲刷破坏。

对于渠道工程,通常是按照渠水呈稳定流状态设计的。但是,由于各渠段过水断面、纵坡坡度等不尽相同,同时渠道内桥、闸等建筑物的设置,使渠水在某段呈现紊流状态,对渠道土体冲刷稳定不利。

对于黄土类土,如果不考虑土体的结构强度,只考虑土体组成颗粒的大小,那么当渠水的瞬时流速达到某个定值时,某个粒径的土粒将会悬浮起来,流速一旦减小,悬浮颗粒就会沉淀到渠底;虽然瞬时流速在减小,但仍然大于某个定值时,土粒则在渠底形成推移质颗粒。根据试验资料和紊流中的沉速计算公式,我们可以计算得到各粒径的临界流速如表1-14所示。

根据经验,上述各粒径的临界流速,可供初期勘察和小型工程设计参考,对于密实度较小土体的抗冲刷强度的评价,可以作为理论依据。但因水流与土粒组成间的作用关系太复杂,对于固结程度较好或超固结土体而言,仅供参考。大型工程应有实际试验资料或观测资料。在此进行抗冲强度的讨论,主要是涉及此为再搬运次生黄土所具有的物理特性之一。

1.3.4　渠道土体渗透稳定性

谈到工程土体的渗透稳定性,很自然地就会思考工程土体的渗透破坏及其可能发生的破坏形式——管涌、流土破坏等。

我们知道,自然界的土体是由不同厚度和不同透水特性的土层组成的。一般情况下,在成土环境相同、颗粒组成相似、固结程度无明显差异的情况下,平行层面方向的渗透性一般要大于垂直层面方向的渗透性,有时二者的差值还比较大。

表 1-14　各粒径临界流速统计

土粒直径 （mm）	悬浮临界流速 （m/s）	推移临界流速 （m/s）	土粒直径 （mm）	悬浮临界流速 （m/s）	推移临界流速 （m/s）
0.01	0.001 4 ~ 0.000 5	0.02	15	10 ~ 6	0.8
0.025	0.008 3 ~ 0.003 3	0.03	20	12 ~ 7	0.9
0.05	0.034 ~ 0.013	0.04	30	15 ~ 9	1.1
0.1	0.013 ~ 0.05	0.06	50	19 ~ 12	1.4
0.25	0.05 ~ 0.25	0.1	100	25 ~ 16	2.0
0.5	1.08 ~ 0.59	0.14	150	33 ~ 20	2.4
1	2.2 ~ 1.3	0.2	200	38 ~ 23	2.8
2	3.8 ~ 2.3	0.28	300	47 ~ 28	3.5
5	6.0 ~ 3.6	0.45	500	60 ~ 36	4.4
10	8.5 ~ 5.1	0.63	1 000	85 ~ 51	6.3

对于工程土体如渠堤填筑土体,如果施工填筑碾压不注意层面的结合,则土体水平方向的透水性同样会大于垂直方向的透水性,甚至沿层面产生渗透破坏。因而,研究自然界土体(土层)的组成结构和工程土体透水特性,成为研究工程土体力学强度的一个重要内容。

对于土体或土层透水性的表述,广泛采用的是渗透系数 K 这一指标。渗透系数的测定,目前仍采用钻孔抽、注水试验和室内渗透仪测定等常规的试验方法。渗透特性强弱的分级,有关规范有明确规定,文献资料亦有不同程度的论述,这里不再赘述。但需要说明一点,在使用测得的渗透压力计算水力坡降时,建议考虑黏性土颗粒周围结合水产生的阻力,这样计算出的土体内水的流速,就比较接近实际工程的水文地质环境,有助于分析预测工程环境水文地质问题。

南水北调中线工程黄土状类土,在太行山前地带多为洪积形成,颗粒组成以粉粒级为主。有关资料表明,黄土状土的工程特性与搬运距离的关系非常密切。当搬运距离短且以洪积泥石流的形式出现时,原土体的原生结构被破坏程度相对较轻,有时还裹夹具有原生结构的土块,原有的易溶、中溶盐分得以有较多的留存,加之成土环境为半干旱地区,土体中的水极易散失,使土体形成干燥的"架空"结构状态,无疑增强了土体的透水性能。

从前述已知,除黄河以南邙山外,沿线黄土状土多呈非自重湿陷特性,且大多分布在地表以下 5 m 范围内,个别地段厚达 8 m,起始湿陷压力为 0.35 ~ 2.00 MPa 不等。因而,黄土状土作为水工建筑物地基,我们认为可以分为两种情况考虑其透水性:

其一,当地基土体上的附加荷载小于其起始湿陷压力时,可按一般土体的渗透特性来评价土体透水性,或进行土体防渗加固工程设计。

其二,当地基土体上的附加荷载大于或等于其起始湿陷压力时,应按土体湿陷完成后的密度和渗透特性来评价土体透水性或设计防渗加固工程,避免因地基土体湿陷而造成工程体破坏。

对于黄土状土渗透破坏的评价方法和标准,可以依据有关的规程、规范进行,但是我们建议采用以下基本理论表达式:

$$V = K(I - I_0) \tag{1-1}$$

式中　　V——渗透速度,cm/s;

　　　　K——渗透系数,cm/s;

　　　　I——水力坡度;

　　　　I_0——起始水力坡度。

1.3.5　渠道阻水恶化周边水文地质环境

为预防渠水渗漏和防止黄土类土浸水产生湿陷,目前一般对渠道进行全断面防渗和衬砌。类似的工程处理措施,应该说在阻隔渠水外渗的同时,也使地下水过水断面减小或阻隔地下水径流,造成地下水上游侧水位抬高,从而改变了渠道原有的水文地质环境,如图1-9所示。严重时不仅会形成盐渍化甚至沼泽化,对农田和建筑物造成不利影响,而且外水压力增大,容易使渠道衬砌遭受破坏,危及渠堤的安全运行。

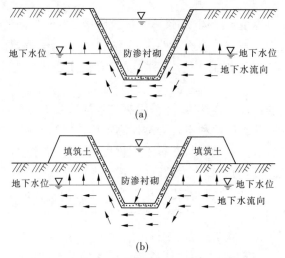

图1-9　渠道衬砌阻水导致地下水位上升示意图

南水北调中线工程部分通过地势低洼或沟谷地段时,采用了管涵或倒虹吸管输水;天津干线采用了全线管涵输水方式。此类工程设计的正确性不言而喻,但管涵工程是否会阻隔区域地下水径流,进而引起水文地质环境的变化,必须引起我们的重视,应深入分析地层结构、透水性及地下水的埋藏、径流和排泄条件等,采取必要的预防工程措施。

管涵地段可能的地质结构如图1-10所示。图示表明,管涵与地下水流向形成近似直交并阻隔地下水时,有可能导致上游侧地下水位抬升而产生环境水文地质问题。

图1-10(a)中,由于仍有地下水渗流通道,地下水上游侧水位抬升幅度不大,对环境影响较小。图1-10(b)表示了由于上部渗透性相对较强,使地下水位抬升,在北方易产生浸没及盐渍化,在南方可能会产生湿地或沼泽。当管涵两侧均由渗透性小的黏质粉土、壤

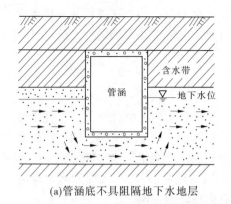
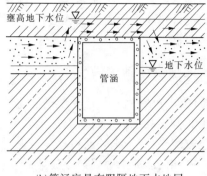

(a)管涵底不具阻隔地下水地层　　　　(b)管涵底具有阻隔地下水地层

图1-10　管涵阻隔地下水径流方式示意图

土组成时,起始水力坡度增大,毛细水升高,产生盐渍化和湿地的可能性较大。

　　由于大型输水管涵直径大,延伸长,类似一道防渗墙,引起地下水位、流向变化的可能性较大。但是,由于影响因素复杂,查明这一问题有一定的难度,且此类环境水文地质问题显现的滞后时间相对较长,所以解决此类问题的有效方法,是在常规水文地质勘察的基础上,以结合水动力学理论为指导,以水文地质分析模型为工具,深入分析引发环境水文地质问题的主要因素和发生的概率。必要时,采取透水输导的工程措施,形成管涵两侧地带良好的水文地质环境,保障输水工程的正常运行。

1.3.6　渠道基坑排水

　　南水北调中线工程局部地段地下水位较高,渠道施工开挖需进行排水。由于水量一般不大,故有时采用明排方式排水。但需说明的是,如开挖至地下水位以下时,地下水将向基坑内渗出,边坡土体表面会产生较大的孔隙水压力,加之边坡土体粉粒含量高,土体质地较疏松,且粉粒级的推移临界流速小于0.04 m/s,抗冲刷强度低,此时临时边坡稳定性较差,易产生滑塌。

　　黄土类土在南水北调中线工程地段,几乎均为短距离搬运堆积而成,粗粉粒含量可达60%以上,而黏粒含量最高仅在20%左右,属于少黏性土。在临时开挖边坡坡面尤其是边坡下部,地下水渗出的流速无需太大,如粒径0.25 mm颗粒产生悬浮和流动的水流速度约为0.7 m/s,就能形成流土,使边坡土体产生破坏。

　　渠道开挖采用井点降水时的效果较好。在施工前的排水过程中,随着地下水(主要为重力水和部分毛细水,当水头差较大时可能有少量结合水)的不断排出,土体会慢慢发生一定程度的固结作用,土体密度有所增加,强度亦会有一定程度的提高。因此,在土体开挖过程中,有助于增强边坡土体的稳定性。

　　综上所述,在黄土类土中开挖渠道遇有地下水时,根据勘察成果采用井点排水、降低地下水位的措施较好,但投资可能会增大;而采用明排降低地下水位的措施则较为便捷,投资亦可能相对较少,但应采用慢挖慢排的措施,避免在边坡土体表部形成较大的孔隙水压力,以利于边坡土体的固结和稳定。

　　总之,在选择排水方式时,应根据地下水位埋深状况和黄土类土的密实程度,确定合理经济的排水方式,对开挖临时边坡土体稳定是至关重要的。在进行井点排水设计时,井点密度的设计建议采用土体渗透系数的小值;而井点排水能力的设计,应以土体渗透系数的大值为依据。

1.3.7 渠道土体地震液化

已有的调查结果表明,遭受地震液化破坏的土体均为无黏性土或少黏性土体。

南水北调中线工程干线所遇黄土类土,其颗粒组成以粗粉粒级为主,黏粒含量很低,土体结构较疏松,在饱水时遇有地震或振动作用易发生液化。如 1966 年邢台地震,对滹沱河北大堤和白洋淀千里堤造成破坏;1976 年唐山地震,对滦河大堤和永定新河、塘沽附近堤防堤基的破坏等,都是堤基砂性土振动液化破坏的实例。

饱和无黏性土和少黏性土的地震液化判别,目前尚无完整系统的定量评价标准,应根据土层的天然结构、颗粒组成、松密程度和排水条件及其受力状态等因素,结合现场勘察和试验综合分析判别。

1.3.7.1 综合判定法

判别是否液化土层的埋深一般不大于 15 m。

在埋深 15 m 范围内,判别土层是否可能液化,首先从土层形成年代、颗粒组成、地下水位埋深来判别;然后用砂土的相对密度、少黏性土的黏粒含量和含水量来判别其是否可能液化。

一般认为,全新世(Q_4)地层中的少黏性土或无黏性土易发生液化。

当土的粒径大于 5 mm 颗粒含量大于或等于 70% 时,可判为不液化材料。

当地震设防烈度为 7、8、9 度区,对土体粒径小于 5 mm 颗粒含量大于 30% 的土,小于 0.005 mm 黏粒相应的含量不小于 16%、18% 和 20% 时,可判为不液化。相反,当饱和无黏性土的相对密度不大于 0.70、0.75、0.85 时,可判定为可能液化材料。

工程正常运营后,地下水位以上的非饱和土,可判为不液化。

当饱和少黏性土的相对含水量大于或等于 0.9 时,或液性指数大于或等于 0.75 时,均可初判为可能液化材料。

相对含水量计算如下式:

$$W_u = \frac{W_s}{W_L} \qquad (1\text{-}2)$$

式中　W_u——相对含水量(%);

　　　W_s——少黏性土的饱和含水量(%);

　　　W_L——少黏性土的液限含水量(%)。

液性指数可按下式计算:

$$I_L = \frac{W_s - W_p}{W_L - W_p} \qquad (1\text{-}3)$$

式中　I_L——液性指数;

　　　W_p——少黏性土的塑限含水量(%)。

1.3.7.2 剪切波法

应用于判断地震液化的剪切波测试,孔深要求不小于 60 m,否则测得的剪切波有较大的误差。

剪切波计算公式为：

$$V_{st} = 291 \sqrt{K_h \cdot Z \cdot \gamma_d} \tag{1-4}$$

式中　V_{st}——上限剪切波速度，m/s；

　　　　K_h——地面最大水平地震加速度系数，相应地震烈度 7、8、9 和 10 度时，取值分别为 0.1、0.2、0.4 和 0.8；

　　　　Z——土层埋藏深度，m；

　　　　γ_d——深度折减系数，深度 0～30 m 相应折减系数为 1～0.1。

当土层实测剪切波速 V_s 小于式(1-4)计算的剪切波速 V_{st} 时，可判定为液化材料；反之，则判定为不液化材料。

1.3.7.3　标准贯入击数判别法

当埋深为 d_s 处的饱和少黏性土标准贯入锤击数(未经钻杆长度修正)，小于按下式计算出的液化临界锤击数 N_{cr} 时，可判定为液化材料；反之，则可判为不液化材料。

$$N_{cr} = N_0 [0.9 + 0.1(d_s - d_w)] \cdot \sqrt{\frac{3\%}{\rho_c}} \tag{1-5}$$

式中　N_{cr}——液化临界锤击数，击；

　　　　N_0——液化判别标准贯入击数基准值，击；

　　　　d_s——标准贯入点距地面深度，m；

　　　　d_w——地下水埋藏深度，m；

　　　　ρ_c——土的黏粒含量百分数(%)，当黏粒含量小于 3% 时，取 3。

1.3.7.4　标准爆炸判别法

具体方法是用 2# 硝铵标准炸药 5 kg，埋深 4.5 m 爆炸后，以炮点为中心，在 5 m 为半径的范围内引起的地面平均沉降量，来估判土层的抗剪强度，如表 1-15 所示。

表 1-15　地面沉降与土的液化可能性判别

地面平均沉降量 S (cm)	砂土密度	液化可能性判别
>20	极松	很可能发生液化
10～20	松	可能发生液化
4～10	中密	很少发生液化
<4	紧密	不可能发生液化

但是，利用爆炸方法只能判别在一定地震强度时土层是否产生液化，不能提出液化的临界标准，所以这种方法一般不常采用。如果采用爆炸法，爆炸时要用地震仪观测爆炸强度。

1.3.7.5　剪应力方法

剪应力方法是采用周期荷载理论，把地震对地基的作用看做是一种垂直地面向上传播的水平剪切波，水平剪切波往返剪切使饱水少黏性土液化。这种剪应力，可以概化为一定循环次数的均匀的剪应力。

据有关观测资料,当发生 7、8 级地震时,地面所受剪应力循环次数分别为 10 次和 30 次。据此,当动三轴试验孔隙水压力等于其外压力时,即为初始液化的临界应力。当地面下任一深度饱和砂土的地震剪切应力 τ_c 小于同一深度饱和砂土液化的临界剪应力 τ_s 时,则判定为可能液化材料;反之则为不液化材料。

(1)地震剪切应力计算:

$$\tau_c = 0.65 \frac{a_{max}}{g} \gamma_c \sum \gamma \cdot \Delta h \qquad (1-6)$$

式中　τ_c——地面下某深度的地震剪切应力,MPa;

　　　a_{max}——地面地震峰值加速度,m/s^2;

　　　g——重力加速度;

　　　γ——土体天然密度,g/cm^3;

　　　Δh——土层厚度,m;

　　　γ_c——地震水平剪应力随深度变化折减系数,见表 1-16。

表 1-16　地震水平剪应力随深度变化折减系数经验值

深度(m)	0	5	10	15
范围值 γ_c	1	0.95~0.99	0.85~0.95	0.60~0.80

(2)临界剪切应力计算:

$$\tau_s = C_r \cdot C_d = \frac{\Delta \tau}{\sigma} \cdot N \cdot D_r \cdot \Delta h \qquad (1-7)$$

式中　τ_s——液化临界剪应力,MPa;

　　　C_r——动三轴校正系数,随相对密度变化而变化,见表 1-17;

　　　C_d——相对密度校正系数;

　　　D_r——砂土的相对密度。

表 1-17　动三轴校正系数

相对密度	0~0.4	0.5	0.6	0.7	0.8	0.9	1.0
范围值 C_r	0.55	0.57	0.6	0.64	0.68	0.72	0.80

1.4　水在土体中的渗透理论

目前,对于工程土体特性的研究,大多停留在宏观的物理力学性质研究范畴,微观研究也多仅限于矿物组成和特殊矿物成分的研究,对工程土体微观结构的特征、土颗粒与水相互作用特性等研究的还很少。

我们知道,由不同矿物组成的土体、水在土体中存在的形式及其土颗粒与水相互作用的强度,是决定土体工程特性的主导因素。因此,如何分析、理解和判断水在土体中的赋存形式、运动方式,应是我们深入研究的重要课题,亦是更好地解决水利工程设计条件急需的课题。

在此,作者应用张忠胤教授提出的《结合水动力学》的理论和观点,对于一些地质环境和环境地质现象或问题进行讨论,这是理论应用于实践的一次尝试。在此之前,已有黑河正义峡水库和嫩江尼尔基水库浸没评价,先后应用了结合水动力学理论,指导具体的勘察研究工作。经验证,理论与实地揭露的水文地质现象相吻合;先期预测与后期实际发生的水库环境地质现象是基本一致的。

1.4.1 结合水

任意颗粒不论其大小,如果单个地置于水中,由于颗粒表面是由具有游离的原子或离子组成,带有正、负电荷并且形成静电引力场。当颗粒与水接触时,靠近土粒表面的水分子,它们在静电引力作用下失去了自由活动的能力而紧密、整齐地排列在颗粒表面。它们排列的紧密程度,比一般液态水中的水分子要紧密得多,因而具有一定的抗剪强度,这种具有抗剪强度的水称为"结合水"。土粒周围的水分子随着与土粒表面距离的增加,静电引力在逐渐减小,抗剪强度呈递减趋势。因此,依照水分子与土粒表面距离的大小,靠近土粒表面的结合水,其抗剪强度最大,称为"强结合水";稍远一些,则称为"弱结合水"。

通常认为,外力包括重力和静水压力,对于改变结合水的状态能够发挥作用,但必须是首先克服结合水的抗剪强度之后,才能表现出来并且起显著的作用。结合水能够传递静水压力,但其传递方式与普通液态水有所区别。图 1-11 表示了结合水抗剪强度与土粒表面距离之间的关系。

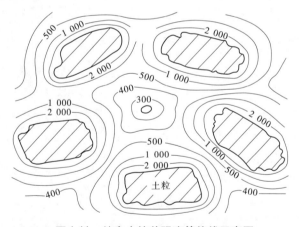

图 1-11 结合水抗剪强度等值线示意图

距离土粒表面稍远的水分子,一方面仍受制于土粒表面静电引力的微弱影响,另一方面重力作用也在起作用。因而,水分子的活动力远比结合水大,几乎没有抗剪强度,但又没有普通水水分子活动的那样自由。土粒表面引力作用的影响,使其呈现层流运动的形式。这种水张忠胤教授称为"毛细水"。

距离土粒表面比毛细水更远一些的水分子,几乎没有受到土粒表面静电引力的影响,只是受重力作用的控制,这种水称为"重力水",即我们通常所说的液态水、自由水,它很容易发生紊乱。

显而易见,颗粒大小对结合水的存在形式没有影响,即使是单个的卵石、漂石置于水中时,紧靠其表面仍为结合水,向外依次为毛细水、重力水。但结合水含量的多寡取决于颗粒的比表面积,颗粒直径越小,则比表面积越大,结合水含量就越多。

因此,根据水分子的活动能力,可以把土体中的水划分为结合水、毛细水和重力水。这与一般的吸着水、薄膜水是有区别的,不要等同对待。吸着水、薄膜水理论认为,吸着水、薄膜水不能传递静水压力。因为吸着水、薄膜水仅在包气带内存在,且是很不连续的。所以,这一理论认为毛细带中只有毛细水,而没有其他类型的水。

张忠胤教授认为,在黏性土的毛细带中并没有毛细水,只有结合水;在细砂土的毛细带中既有毛细水,亦有结合水。所以,必须把毛细水、毛细带和毛细现象严格区别开来,并且把存在于黏性土毛细带中的结合水,作为结合水动力学的重要研究对象之一。

结合这一理论我们同样可以认为,存在砂土含水层中的水并无重力水,而只有结合水和毛细水,因而砂土中水的运动只能产生层流运动,并服从达西定律。即使在砂砾石层中,也并不都是重力水,还有结合水和毛细水;在黏性土的大孔隙和裂隙中,可能有重力水和毛细水,但必有结合水存在;在黏性土一般孔隙中,只能有结合水,不可能有重力水和毛细水。在一定水力(外力)作用条件下,结合水也可以发生显著流动。

1.4.2 不同类型水的基本运动规律

前已述及,砾石中除重力水外,还有结合水和毛细水;砂土中只有结合水和毛细水;黏性土大孔隙中有结合水、毛细水,亦可能有重力水;黏性土一般孔隙中只能有结合水。水在不同土体介质中服从于不同的基本渗透定律,也表现着不同的基本运动规律,如图1-12所示。

1.4.2.1 卵砾石

卵砾石适用于谢才—科拉斯诺波尔斯基定律:

$$V = KI^{1/m} \qquad (1-8)$$

式中　V——渗透速度,m/d;

　　　K——渗透系数,m/d;

　　　I——水力坡度;

　　　m——指数,$m = 1 \sim 2$,反映层流、紊流混合运动的规律。

在图1-12所示表达的 $V \sim I$ 关系中,曲线呈通过原点向上凸起的弯曲形态。

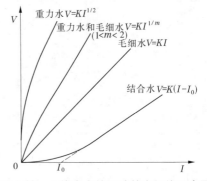

图1-12　土体中水的运动基本规律示意图

1.4.2.2 砂土

砂土中的水为结合水和毛细水,属于层流运动,服从达西定律:

$$V = KI \qquad (1-9)$$

式中　V——渗透速度,m/d;

　　　K——渗透系数,m/d;

I——水力坡度。

在图1-12所示$V \sim I$关系图中,为一条通过原点的直线。

1.4.2.3 黏性土

在黏性土中,渗透定律在图1-12所示$V \sim I$直角坐标系中,是一通过原点向I轴凸的曲线。这条曲线近直线部分可用C·A·罗查近似式表示:

$$V = K(I - I_0) \tag{1-10}$$

式中 V——渗透速度,m/d;

K——渗透系数,m/d;

I——水力坡度;

I_0——起始水力坡度。

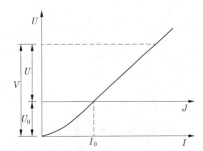

图1-13 显渗流速与隐渗流速关系示意图

根据前述的结合水动力学理论,水在黏性土中的渗透,最常见的是从表面上看渗透速度等于0的情况,但实际上渗透速度不等于0,而是等于一个数量级很小的数值U_0,这个很小数量级的渗透速度,可称为"隐渗流速"。与之相对应,从表面易于观察的流速,则称之为"显渗流速",以U表示之,如图1-13所示。这样总渗流速应等于隐渗流速和显渗流速的和,即

$$V = U_0 + U \tag{1-11}$$

当显渗流速U不很大时,则

$$V = U_0 + K(I - I_0) \tag{1-12}$$

从而得到

$$U = K(I - I_0) \tag{1-13}$$

起始水力坡度I_0是$V = U_0$时的水力坡度I。

K为定值,起始水力坡度I_0越大,则显渗流速U越小;反之,则U值越大。I_0与土粒形状、大小、矿物成分、水的酸碱度、水的温度等有着密切的关系。

图1-14表示当在黏性土体中进行钻孔或探坑施工时,首先会遇到包气带内的干土或不饱和的湿土;向下则是饱和土,饱和度为1,但没有自由水面(位)出现,这就是进入了毛细带内;再向下遇到自由水面(位)a点,此时初见水位和稳定水位一致,即$a = a'$,这是典型的潜水水面(位)。

但是,孔或坑加深至L_1时,水位立刻上升,上升幅度与所深入潜水面下的深度相等,即$L_1 = \Delta H_1$、$L_2 = \Delta H_2$、$L_3 = \Delta H_3$,类似于我们通常说的"承压含水层"性质,这层具有潜水和承压水双重性质的水称为"含水带"T。

在含水带内充满的是结合水,根据黏性土中结合水的渗透定律,可推导出含水带厚度T的计算公式:

$$T = \frac{H_0}{I_0 + 1} \tag{1-14}$$

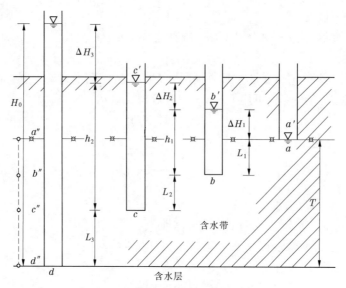

图 1-14　均质黏性土体中含水带示意图

式中　T——含水带厚度，m；

　　　　H_0——测压管高度，m；

　　　　I_0——起始水力坡度。

　　如果含水层在上而含水带在下，则含水带厚度 T 为：

$$T = \frac{H_0}{I_0 - 1} \qquad (1-15)$$

式中符号意义同前。

　　如果在含水层侧面形成含水带，含水带厚度 T 的表达式为：

$$T = \frac{H_0}{I_0 - \sin\theta} \qquad (1-16)$$

式中　θ——含水层顶、底面与渗流线的夹角（$\theta = 90° \sim -90°$，向上为"$+$"号，向下为"$-$"号），如图 1-15 所示。

　　从上述讨论可知，黏性土中含水带和含水带外侧的毛细水带，可能是形成环境水文地质问题的主导因素，这对于评价水文地质环境而言，具有巨大的实际意义。因此，在工程实践中，对二者形成机理的研究和实际现象如何与土工试验相结合，应成为工程地质师和水工设计师不断深入研究的课题，这对水工建筑物地质和水文环境研究、建筑物运行后可能引发的环境地质问题预测等，同样具有重要意义。

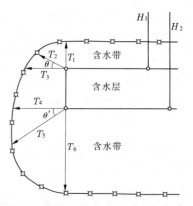

图 1-15　承压含水层周围含水带分布示意图

1.4.3 黏性土体中的毛细水带

我们知道,毛细现象是由"弯液面力"引起的。弯液面力亦称"毛细力",是由具有表面张力的液面在弯曲时产生的。但是,毛细力只限于理解为引起毛细现象的力,而不能解读为毛细水的力,因为引起毛细现象的水不一定是毛细水。只有在砂土的孔隙中,才有毛细水参加毛细现象,而且一定有结合水同时参加毛细现象。在黏性土体中发生的毛细现象,并没有毛细水参加,只有结合水参加形成毛细现象。

土体中的孔隙,是一个大小不等、形状各异的复杂的管道系统。如果把这个管道系统看做一个近似的圆管系统,那么圆管直径就等于孔隙的平均直径。土体中弯液面的形状和大小也是复杂而多变的,如果能近似地视为圆管中的弯液面,那么组成土体内弯液面的边缘部分即为强结合水。所以,强结合水的表面应是弯道面的边缘部分,它与中心部分联结成一个完整的弯液面。

根据以上对孔隙内结合水的分析,假定土体为一均质的黏性土柱,在此均质黏性土柱中发生毛细现象,且在同一条渗流线上的水头为 I,毛细水上升高度 H_k 如下式:

$$H_k = \frac{P_k}{I_0 + 1} \tag{1-17}$$

式中　H_k——毛细水上升高度,m;

　　　P_k——毛细力(弯道面力);

　　　I_0——起始水力坡度。

这里需要说明两个概念问题,在结合水动力学中,H_k 是毛细水上升高度,而 P_k 是结合水充满孔隙的土体具有的毛细力。对于同一类黏性土体,二者是不相同的。只有在砂土中 $I_0 = 0$ 时,二者是相同的,即 $P_k = H_k$。

在室内试验中,通常使用渗透仪求得毛细水上升高度,但往往同一类土取得的试验数据离散性很大,因而在参数的选取和使用上便产生许多困惑,我们认为这主要是在理解上存在误区。因为受到试验边界条件的限制和干扰,得出的所谓毛细水上升高度,其实真正反映的只是这种土体具有的毛细力的一部分,并不是全部的毛细水上升高度。故我们建议在室内测定黏性土体毛细力,最好采用负压的方法,此方法测定土体毛细力较准确。

根据上述分析,黏性土体具有毛细力,那么除水体上方有毛细带水外,向侧上方、下方都应有毛细带水分布,图1-16、图1-17反映了毛细带的分布状况。

根据毛细带发育和含水层与水体的位置关系,从式(1-17)可推导出下式:

$$H_k = \frac{P_k}{I_0 + \sin\theta} \tag{1-18}$$

式中　θ　渗流线与水平方向的夹角,以水平向为"0°",向上方为"＋"号,向下方为"－"号;

　　　其他符号意义同前。

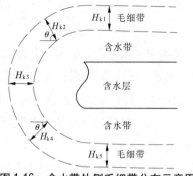

图 1-16 含水带外侧毛细带分布示意图

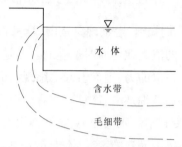

图 1-17 水体附近毛细带分布示意图

1.4.4 起始水力坡度试验技术

此前,我们简述了结合水和张忠胤教授对结合水水力特性的描述。其中,在数学描述中涉及到起始水力坡度 I_0。

起始水力坡度 I_0 是黏性土中结合水的强度。如何获取起始水力坡度值,一直是困扰工程应用的一个难题。我们通过工程实践,采用下述方法可以比较便捷地求取该值。

1.4.4.1 利用坑探工程

在有条件的地方如承压含水层上方,现场开挖探坑(井),当开挖至地下水位时即停止开挖,进行水位观测。若初见水位与稳定水位一致,此时水位即可认为是含水层顶部形成的含水带的顶面,该水位至含水层顶面的厚度,即为含水层上部含水带的厚度,可根据式(1-15)求取起始水力坡度 I_0 值。

此外,也可根据探坑(井)上部揭露的毛细带厚度,粗略换算起始水力坡度 I_0;或者根据土体的天然含水率与塑限含水率的关系来确定,此方法比较精确。查明了毛细带厚度 H_k,则可按式(1-17)求取起始水力坡度 I_0 值。

1.4.4.2 利用试验方法

1)现场注水试验

现场注水试验方法的要求如下:

(1)须在包气带内进行。这样的试验成果不受地下水的干扰,准确性较高。

(2)应采用固定的常水头,不宜用变水头,以便更好地确定测压水头 H_0。

(3)时间要足够长。饱水带下部有毛细蒸发现象,水在慢慢地损失,测压水头不会稳定在一个定值。当测压水头变化量很小,且基本为微小的常量时,即可认为稳定并结束试验;之后开挖确定饱水带厚度 T。

如图 1-18 所示,该试验在坑内用铁皮(板)隔水,使水不向坑壁渗透。最好采用圆形筒。依据开挖确定的饱水带厚度 T,采用式(1-19)求起始水力坡度 I_0 值。

$$H_0 = \frac{P_0}{I_0 - 1} \tag{1-19}$$

2)室内注水试验

室内试验与现场注水试验的原理、方法基本是一样的。室内试验可以从上部加水,亦可从下部加水。前者表现水体下部含水带的形成厚度;后者则模拟承压含水层顶部黏性土体中含水带形成的厚度。只要注意观测的准确性并保证定水头下试验时间相对较长,试验一般能够取得成功,图 1-19 表示了室内注水试验的基本原理。

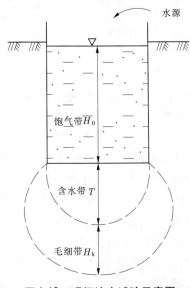

图 1-18　现场注水试验示意图

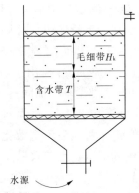

图 1-19　室内注水试验示意图

试验所用水源最好采用工程环境地下水。如有困难也应采用没有经过污染(化学污染)的自来水,以避免水质对黏性土透水性的影响。试验环境的温度不宜太高或太低,最好在 20 ℃ 左右的室温。

室内试验既可以采用原状土试验,也可做重塑土体的试验。原状土试验要防止采样、运输和制样过程对土体结构的破坏;针对坝体或其他挡水建筑物填筑材料,可用重塑土体进行试验。重塑土样时,要特别注意干密度与工程体实际设计干密度的一致性。这就要求工程土体设计最好采用干密度控制,而不要采用最优含水率控制,因为含水率对土体物理力学性质亦即土体工程特性影响太大,且最敏感,不易控制。只要土粒没有较多亲水矿物,以干密度值反映土体密实程度是比较好的。

1.5　黄土状土渠道工程土体加固

对于黄土状土渠道工程的土体加固,主要包括渠水渗透及其可能引起的水文地质环境恶化、饱水黄土状土遇有地震或强烈振动可能产生的液化破坏和湿陷性黄土可能发生的湿陷破坏等工程地质问题。所有这些,对于包括水利工程在内的工程建设活动,都构成了严重的威胁,也给社会经济的发展造成很多困难。为确保水利工程的安全并发挥正常的功能效用,在工程设计中对土体基础进行科学的处理加固已经是常规选项。

1.5.1　强夯法土体加固

为防止土体液化破坏,一般采用碎石砂桩挤密排水法和强夯夯实法。前者适于饱水状态的黄土类土;后者适用于地下水位以上非饱和、非自重湿陷性黄土类土。南水北调中线工程干线所分布的黄土类土,大多为非自重湿陷性黄土类土,厚度多在 5~8 m。近年来,受大气降水减少和人类活动加剧的影响,沿线地下水位大幅度下降,地下水位埋深最深者近 100 m。即使局部地段有地下水,亦是水量不甚丰富的上层滞水。实践证明,对于黄土类土土体抗震加固,采用强夯地质工程是适宜的,可以达到加固土体、消除液化破坏的目的。

1.5.1.1 概述

20 世纪 60 年代,法国梅那(Menard)技术公司创立了一种土体加固新方法——强夯法,迄今已经得到广泛应用,取得了显著的技术经济效果。

关于强夯法加固地基的机理,目前国内外的说法还不一致。许多学者从各个角度对强夯机理进行了研究,并提出了各自的看法。在第十届国际土力学和基础工程会议上(1981),Mitchell 做了基土加固——科技发展水平报告,其中包括强夯法。他指出:"当强夯法应用于非饱和土,压密过程基本上与试验中的击实法(普氏击实法)相同,在饱和无黏性土的情况下,可能会产生液化,压密过程与爆破和振动压密的过程相似。"同时他认为,强夯对饱和细颗粒土的效果尚不明确,成功和失败的例子均有报道。对于这类饱和细颗粒土,需要破坏土的结构,产生超孔隙水压力,以及通过裂隙形成排水通道,使孔隙水压力消散,土体才会被压密。颗粒较细的土达不到颗粒粗的土那样的加固程度。软黏土层和泥炭土由于其柔性阻止了邻近的无黏性土的充分压密。

关于强夯机理,首先应该分为宏观机理与微观机理;其次,不仅对饱和土与非饱和土应该加以区分,而且在饱和土中,黏性土与无黏性土还应该加以区别。另外,对特殊土如湿陷性黄土等,应该考虑它的结构特征;再次,在研究强夯机理时,应该首先确定夯击总能量中,真正用于加固地基的那一部分,而后再分析此部分能量对地基土的加固作用。范维垣等曾提出用"爆炸对比法"来确定用于加固地基的能量。

关于影响强夯法加固机理的因素,Leonards 曾指出:当地基中有黏性土层存在时,将减小有效击实深度。它既依赖于单锤的夯击能量,同时也依赖于各夯点的夯击顺序及每一夯点的锤击数。两者的效应用每单位加固面积上的夯击能量来衡量是合理的。强夯的效果与每锤的夯击能量(即 M·N)及每单位加固面积上承受的夯击能量密切相关。Leonards 还认为:似乎有一个夯击加固的上限值,其数值相当于静力触探比贯入阻力 P_s = 15 MPa,或标准贯入值 $N_{63.5}$ = 30~40 击。

Leonards 认为:考虑到强夯法加固地基的方式,加固作用应与土层在被处理过程中三种明显不同的机理有关。

第一,加密作用,指空气或气体的排出;

第二,固结作用,指水或流体的排出;

第三,预加变形作用,指的是各种颗粒成分在结构上的重新排列,还包括颗粒组构或形态的改变。

所以,Leonards 认为强夯法应该叫做"动力预压处理法",这样才能把上述三种机理都包含进去。显然,因为这种方法处理的对象(即地基)是非常复杂的,所以他认为不可能建立对各类地基具有普遍意义的理论。但对地基处理中经常遇到的几种类型的土,还是有规律可循的。

强夯法是在极短的时间内对地基土体施加一个巨大的冲击能量,加荷历时一般只有几十毫秒,对含水量较大的土层,可达100 ms左右。这种突然释放的巨大能量,将转化为各种波形传到土体内。首先到达某指定范围的波是压缩波,它使土体受压或受拉,能引起瞬时的孔隙水汇集,因而使地基土的抗剪强度大为降低。根据计算,压缩波的振动能量以7%传播出去;之后是剪切波,振动能量以26%传播出去,导致土体结构的破坏。另外,还有瑞利波(面波)振动能量以67%传播出去,并能在夯击点附近形成地面隆起。以上这些波通过之后,土颗粒将趋于新的而且是更加稳定的状态。Gambin认为,对饱和土而言,剪切波是使土体加密的波。

目前,对强夯加固土体的一般认识是,地基经强夯后,其强度提高过程可分为:夯击能量转化,同时伴随强制压缩或振密;土体液化或结构破坏;排水固结压密;触变恢复并伴随固结压密。其中第一阶段是瞬时发生的,第四阶段在强夯终止后很长时间才能达到。

1.5.1.2　黏性土夯击固结

我们知道,土在天然环境下是由土粒、水和空气组成的三相体,所以应用结合水理论解释夯击加固机理可能更切合实际。

1)黏性土体夯击固结力学模型

黏土体在冲击能作用下,气相体积不能即刻膨胀,因为孔隙内的空气体积膨胀具有滞后性,锤击"夯窝"不能即时恢复,重锤与周边土体具有摩擦作用,这与太沙基理论是不一致的。

土体内含有空气,土粒周边具有薄厚不一的结合水(强结合水、弱结合水)和毛细水、自由水(重力水)。土体体积的变化,进一步证明了液体是可以压缩的。在冲击能作用下,随着孔隙变小,部分结合水脱离土粒的引力而变为自由水(重力水),充填于黏性土孔隙和锤击过程中形成的裂隙内,破坏了土体原有结构并使土体变形。

土体在夯击能作用下,空气被压缩,土粒周围结合水厚度变小,使土体中的土粒重新排列、分布并建立新的结构。在夯击能大于土体抗拉强度且土粒重新排列、建立新的结构过程中,土体产生不规则的网状裂隙,成为水和空气向外排出的通道,使土体压缩变形成为永久变形。

我们认为建立上述力学模型,解释黏性土压缩变形机理是适宜的。

2)土体强度增长

当饱和土体受到较强冲击能作用时,土体内瞬间孔隙水压力迅速增大,抗剪强度迅速降低;当抗剪强度降至零时,土体产生液化;随着时间的相对延长,孔隙水压力消散至新的土粒结构下的孔隙水压力状态。在这个过程中,土体的强度是不断增长的,这个时间可以延伸较长,孔隙水压力消散后的土体强度就应是夯击后土体强度,以后就是土体应变的恢复了。

如果将孔隙水压力消散后的土体强度作为土体夯实后的强度,据工程统计,6个月后土体强度平均增加20%～30%,变形模量增加30%～80%。

3)夯击能的传递

从夯击能量的传播形式看,在半空间表面上竖向夯击能传给地基的能量是由压缩波

（P波）、剪切波（S波）和瑞利波（R波）联合传播的。压缩波与剪切波沿着一个半球波阵面径向地下、向外传播，而瑞利波则沿着一个圆柱波阵面径向地下、向外传播。

压缩波的质点运动相当于平行于波阵面方向的一种推拉运动，这种波使孔隙水压力增大，同时使土粒错位；剪切波的质点运动方向是和波阵面方向呈正交的横向位移；而瑞利波的质点运动则是由水平和竖向分量所组成的。剪切波和瑞利波的水平分量使土颗粒间受剪并使土体变得密实。

对于在均质各向同性弹性半空间表面（或地面）上呈竖向振动的、均布的圆形振源，由于瑞利波占竖向振动总输入能量的2/3，以及随距离的增加瑞利波的衰减要比压缩波与剪切波慢得多，所以对于地面或接近地面的地基土体，瑞利波的竖向分量起到松动的作用。

4）孔隙水压力在夯击能作用下的变化

在夯击土体强度分析中，我们对孔隙水压力已有分析。现就夯击土体渗透性与液化度的关系进行讨论。

当夯击土体的强度没有降至零时，土体渗透系数在成比例的增加；当土体强度降至零时，夯击土体出现大量裂隙，形成良好的地下水（重力水或自由水）通道，这时渗透系数骤增。其原因是由于反复夯击后夯击能的叠加，在夯击点（夯坑）周围产生近垂直的较大裂隙，夯坑周围出现冒气冒水现象。

随着孔隙水压力的消失，土体内土颗粒完成重新排列，土体内三相体——土粒、水和空气处于新的平衡状态。此时水的运动规律，有的学者认为符合达西定律 $V = KI$；对于黏性土而言，我们认为此时应符合 C·A·罗查表示式 $V = K(I - I_0)$ 渗透定律。

5）强夯效果时间效应

饱和黏性土是具有触变性的。经强夯后土的结构被破坏，强度几乎降至零，随着时间的推移，强度又逐渐恢复。这种触变强度随时间延续的恢复称为时间效应。

动力固结理论与静态固结理论相比，有如下的不同之处：

第一，荷载与沉降的关系具有滞后效应；

第二，由于土中气泡的存在，孔隙具有压缩性；

第三，土颗粒骨架的压缩模量在夯击过程中不断地改变，渗透系数亦随时间而变化。

另有研究表明，强夯作用所导致的砂性土的液化，能够降低地基砂性土的液化势。即经过几次强夯液化后，虽然地基土的密度增加不多，但却能减小在未来地震作用下发生液化的可能性。这一现象和Youd所得结论相似。Youd认为，可液化砂土经过几次轻微地震后，虽然密度增加不多，但地基土在未来强烈地震下的液化势却减小了。

此外，Gambin认为强夯法与一般固结理论不同之处在于，前者应该将土体假设为非弹性、各向异性、处于动态反应下的土体，并且应该区分饱和土与非饱和土。强夯作用下的加荷与卸荷、土的应力—应变曲线也是不同的，它表现有明显的滞后性。

6）无黏性土夯实固结

对理想弹性非饱和土，Scott与Pearce曾用理想模型来预估地基土在强烈冲击作用下的反应。他们把锤体视为集总质块 M，在冲击地面时，土体初始应力为：

$$\sigma_0 = \rho \cdot C \cdot V \qquad (1\text{-}20)$$

式中　σ_0——土体与锤接触面处竖向初始应力,MPa;

　　　　ρ——土体密度,t/m^3;

　　　　C——土体中的膨胀波速,m/s;

　　　　V——落锤冲击速度,m/s。

非饱和土体为弹塑性体,如果按三维介质考虑,在夯锤强大冲击作用下,土体应该有较大变形,在夯坑侧面土体将产生剪切破坏,其剪切作用的量值是很难确定的。但是,当冲击动量矩很大时,夯锤将对上部土体冲切,带着所被冲切的土体向下冲击。强夯击实区逐渐增大,如果忽略击实区向侧向发展的部分,击实区域就可以按一维衰减的力学模型来考虑了。

土体在夯锤冲击的一瞬间,夯锤与土体接触面处,最初土体具有弹性的性质,这是土体中空气和结合水在起作用,它们是可以被压缩的,所以由于应力波产生的应力量级亦是上升的。当冲击应力量达到某一量级时,地基表部土体颗粒将沿辐射波的方向呈现一定的速度,土体向着更加密实的方向发展,其有效强度不断提高。

到目前为止,对强夯加固地基土体的机理,还没有一个较完整、系统的理论解释。我们认为多数学者提出现场试验是对的,这是基于土体成因类型、成土环境、土体组成和土体结构的复杂性。按照传统的太沙基和达西理论,确实很难解释夯击过程中土体出现的一些现象。因此,如果能够很好地研究结合水、空气等在土颗粒间存在形式、结合水特征和运动方式等,进行深入、微观的研究,效果可能更好一些。

从实践经验来看,强夯对加固地基土体,尤其当地下水位埋深较大时,效果是很明显的。对消除黄土类土的湿陷性,效果亦是很显著的。有多个单位和学者对此进行了系统研究,取得丰富的经验,如陕西省建筑科学研究所、铁道部第一勘测设计院、杨广鉴、王陵肖等对黄土进行了系统的研究,取得了丰富的经验。

以铁道部第一勘测设计院在某铁路枢纽所进行的强夯试验为例。该试验采用1 000 kN夯锤,10 m落距。当夯击10～15次时,距地表5 m内黄土湿陷性完全消失;5～8 m夯后的湿陷系数有明显减少。另一试验点将落距增大至15～17 m,并将夯击能加大1倍,10 m深度内的湿陷性完全消失。

1.5.1.3　强夯设计参数确定

实践证明,用强夯法加固松软地基,一定要根据地质条件和工程的要求,正确地选用强夯参数,才能达到有效而且经济的目的。

强夯参数包括单点击能、最佳夯击能、夯击遍数、相邻两次夯击遍数的间歇时间和加固范围及夯点布置等。

1)单点夯击能的确定

一般根据加固土体的厚度选用吊机的大小。加固影响深度可按下式计算:

$$H = a\sqrt{\frac{Wh}{10}} \tag{1-21}$$

式中　H——加固影响深度,m;

　　　　W——锤重,kN;

h——落距，m；

a——系数，其值为 $0.5 \sim 1.0$。

目前，国内外强夯锤重和落距大致情况是，法国第一个强夯工程所用的锤重为 8 t，落距 10 m。后来改用锤重 15 t，落距 25 m。目前，世界上最大的锤重 200 t，落距 25 m，其加固深度可达 40 m。我国所用的锤重为 8 ~ 25 t，个别可达 40 t，落距 8 ~ 25 m。

单点夯击能 = 锤重 × 落距。

2）最佳夯击能的确定

根据实践经验，地基土体在一定量的夯击能作用下，地基土体中出现的孔隙水压力仅能达到土体的自重压力时，这个量级的夯击能就称之为最佳夯击能。

在黏性土体中，孔隙水压力消散速度相对较慢，当夯击能逐渐增大时，孔隙水压力的叠加效应逐渐增大。因而在黏性土中，可根据叠加后的孔隙水压力值确定最佳夯击能。但值得注意的是，孔隙水压力在剖面上的变化是上部大而下部小，而土体的自重则是上部小而下部大。因此，强夯的影响深度虽然可由式（1-21）估算，但还是用有效影响深度确定为宜，这符合复杂多变的地质条件。如天津新港软土地基，在单点夯击能 130 kN·m 时，取夯击 4 次的总能量 520 kN·m 为最佳夯击能。

在砂性土中，由于孔隙水压力增长和消散过程很短，有的仅有几分钟或更短的时间。因此，孔隙水压力不随夯击能增加而叠加升高，因而可以绘制最大孔隙水压力增量与夯击次数的关系曲线，依此确定最佳夯击能。当孔隙水压力增量随着夯击次数增加而逐渐趋于稳定时，此时的夯击能可认为是这种砂性土所能承受的夯击能量，该能量级即为最佳夯击能。依此原则，确定最佳夯击能是可行的。

3）夯击遍数的确定

根据国内外文献记述，夯击遍数一般为 1 ~ 8 遍。对于粗颗粒土夯击数可少些，而对于细颗粒土特别是淤泥质土则夯击遍数要求多些。例如法国戛纳附近采石场弃渣土填海造地只强夯一遍；英国伦敦的土体则夯 5 遍；而瑞典内尔表层 2 ~ 10 m 为含有大量有机质的粉土与砂的吹填土，下层为高压缩性三角洲冲积土或老的砂填土的软弱地基，最多的夯 7 遍。

国内大多数工程夯 2 ~ 3 遍，最后进行低能量"搭夯"，即"锤印"使夯体彼此搭接。

4）两遍夯击间隔时间确定

所谓间隔时间，系指相邻夯击两遍间的间歇时间。Menard 指出，一旦孔隙水压力消散，即可进行新的夯击作业。根据土体颗粒组成，Menaed 建议间歇时间为 1 ~ 6 周。

通过试验对比发现，对于软黏土，孔隙水压力的峰值出现在夯完后的瞬间，每遍的总夯击能越大，孔隙水压力消散的时间越长，其间歇时间一般不小于 4 周。对于砂性土，由于孔隙水压力的峰值出现在夯完后的瞬间，消散时间只有 3 ~ 4 min。因此，对于渗透系数较大的砂性土，其间歇时间很短，可连续作业。

强夯加固地基土体的范围，应根据土体工程特性、工程规模和对地基土体的要求来确定。对于夯点布置，除满足加固土体压缩特性要求外，还要满足施工过程中机械移动方便的要求。

1.5.1.4　质量检测

1）室内试验

室内试验主要是通过对夯击前后土体物理力学性质的变化,判断强夯加固地基土体的效果。如密度、含水率、孔隙率、干密度、压缩和抗剪强度等指标。

2）原位测试

利用十字板、动力触探、静力触探、旁压试验和载荷试验,以及物探等原位检测方法,对夯击前后地基土体工程特性进行对比分析,以判断夯击加固效果。

3）典型试验中的测试工作

对于强夯地质工程来说,现场试验夯击及相应的测试工作,是强夯地质工程施工的重要组成部分。因此,在大面积施工开展之前,一般先选择面积不小于 400 m^2 的场地进行夯击试验,以便获取强夯设计必要的参数。

典型试验中的观测、测试内容,包括不同深度孔隙水压力的变化、夯坑体积与四周地面隆起量的变化、挤压应力分布规律、深层水平位移和强夯振动影响范围及噪声影响的观测、测试等。

4）非破坏性试验方法

主要为物探检测方法,如电阻率法、弹性波法等,测定土体密实程度,用以评价加固效果。

1.5.1.5　安阳段夯击加固工程实例

南水北调中线工程干线安阳段的黄土状土具有湿陷性,且在饱水时遇有 7 度地震还是液化材料。该地区地震动峰值加速度为 0.20g,相应地震基本烈度为Ⅷ度。

为了消除黄土状土的湿陷性和地震液化的可能性,对两段渠道地基土体做了强夯试验。

1）夯击工程试验设计

试验中采用了两种重量夯锤和不同的落距:

锤重与落距组合一:夯锤重 20 t,落距 10 m 和 15 m,夯击能分别为 2 000 kN·m 和 3 000 kN·m;

锤重与落距组合二:夯锤重 3 t,落距 6 m,夯击能 180 kN·m。

夯点基本上按照正方形布置,间距一般为 5 m。

2）试验成果分析

试验成果如表 1-18、表 1-19 所示。

由表 1-18、表 1-19 可知,当夯击能为 2 000 kN·m 时,黄土状土的干密度由夯前的 1.5 g/cm^3 提高到 1.76 ~ 1.81 g/cm^3,提高幅度为 11% ~ 14%;而湿陷系数由夯前的 0.019 ~ 0.063 降到 0.015 ~ 0.02,分别降低了 21% 和 68%,强夯效果比较显著。在 3 000 kN·m 夯击能时,干密度由夯前的 1.52 g/cm^3 提高到夯击后的 1.75 g/cm^3,提高了约 15%;湿陷系数由夯前的 0.33 到夯击后的 <0.015,降低了 120%。

当夯击能为 180 kN 时,夯前黄土状土干密度为 1.52 g/cm^3,夯后干密度为 1.64 g/cm^3,提高了约 8%;湿陷系数由夯前的 0.016 ~ 0.055,降低到 <0.015,分别降低了 6% ~73%。

表 1-18　安阳段黄土状土强夯处理成果

（桩号 AY32 + 980 ~ 34 + 800）

渠道桩号（km）		AY32 + 168.2 ~ AY33 + 615.6（右岸）	AY33 + 615.6 ~ AY34 + 315.6（右岸）	AY34 + 315.6 ~ AY35 + 866.9（右岸）
夯击能（kN）		2 000	2 000	3 000
夯点布置		正方形	正方形	正方形
夯点间距（m）		5	5	5
夯沉量（cm）		$\dfrac{0.449(58)}{0.111 \sim 1.016}$	$\dfrac{0.388(53)}{0.138 \sim 0.903}$	$\dfrac{0.342(48)}{0.117 \sim 0.848}$
干密度 （g/cm³）	夯击前	$\dfrac{1.59(8)}{1.50 \sim 1.65}$		$\dfrac{1.52(16)}{1.43 \sim 1.62}$
	夯击后	$\dfrac{1.81(45)}{1.7 \sim 1.95}$	$\dfrac{1.76(44)}{1.65 \sim 1.88}$	$\dfrac{1.75(9)}{1.67 \sim 1.84}$
湿陷系数 （>0.015）	夯击前	$\dfrac{0.019 \sim 0.063}{3(8)}$		$\dfrac{0.033}{1(12)}$
	夯击后	$\dfrac{0.015 \sim 0.017}{4(45)}$	$\dfrac{0.015 \sim 0.02}{5(44)}$	$\dfrac{<0.015}{9}$
地层结构		上部为黄土状中壤土（alolQ₃³），厚 1 ~ 3 m，局部 4 m；下部为黏土岩（N₁ᴢ）、砂岩（N₁ᴢ）	上部为黄土状中壤土（alolQ₃²），厚 0.8 ~ 2 m，局部 4 m；下部为黏土岩（N₁ᴢ）、砂岩（N₁ᴢ）	桩号 AY34 + 750 以前上部为黄土状中壤土，厚 0 ~ 2 m，下部为卵石；桩号 AY34 + 750 以后，上部为黄土状中、重粉质壤土（alolQ₃²），厚 3 ~ 6 m，下部为重壤土（alolQ₂）
夯击参数		1. 夯锤重量为 20 t，2 000 kN·m 夯击能的提高高度为 10 m；3 000 kN·m 夯击能的提高高度为 15 m。夯锤底面积为 4.91 m²。 2. 夯击分三遍夯完，第一遍夯点正方形布置，行排间距为 5 m；第二遍夯点布置在第一遍夯点间距中心，即正方形形心；第三遍满堂夯。 3. 每遍夯完后用推土机整平。在同一夯点每遍间隔时间不少于 7 天。每遍每个夯点 10 下。		

注：表中夯沉量表示：$\dfrac{平均夯沉量（统计组数）}{夯沉量范围值}$。

表中湿陷系数表示：$\dfrac{湿陷系数}{具湿陷性的试验组数（试验总组数）}$。

下同。

表 1-19　安阳段黄土状土重夯处理成果

（桩号 AY24 + 580 ~ 25 + 240）

渠道桩号（km）		AY24 + 580 ~ AY25 + 240
夯沉量（cm）		$\dfrac{0.375(9)}{0.16 \sim 0.482}$
干密度 （g/cm³）	夯击前	$\dfrac{1.52(9)}{1.43 \sim 1.62}$
	夯击后	$\dfrac{1.64(36)}{1.5 \sim 1.79}$
湿陷系数 （>0.015）	夯击前	$\dfrac{0.016 \sim 0.055}{3(10)}$
	夯击后	$\dfrac{<0.015}{36}$
地层结构		上部为黄土状中粉质壤土（alolQ$_4^1$），厚 2.0 ~ 2.5 m；下部为黄土状重粉质壤土（alolQ$_3^2$），厚 4 m 左右。
夯击参数		1. 夯锤重量为 3 t，提高高度为 6 m，夯锤底面直径为 1.4 m。 2. 夯点一夯一夯布置，夯击 3 遍，累计夯击 12 击。

上述分析说明，尽管部分地段在夯击试验后的参数未达到设计标准，但对于消除少黏性土地震液化，增强土体的抗震强度；消除黄土类土土体的湿陷性，均有显著效果，尤其在地下水位埋深较大地段，采用强夯的效果会更好，对同类工程具有一定的借鉴意义。

1.5.2　土体防渗加固

在黄河以北渠段，黄土状土分布范围较广，但埋深多在渠底板以上的渠坡部位，透水性相对较强，渗透系数多在 $n \times 10^{-4} \sim n \times 10^{-3}$ cm/s。此类渠道输水后将会产生较严重的渗漏或者毛细蒸发渗漏问题，直接影响供水效益，因而对渠道进行防渗加固工程是必要的。

目前，在黄土状土段渠道工程设计上，无论是挖方还是全填方渠道，均为全断面混凝土衬砌，厚度一般为 8 ~ 10 cm；其下再铺设了防渗塑膜（两布夹一膜），如图 1-20 所示。

根据工程试验资料，混凝土板的渗透系数约为 $n \times 10^{-8}$ cm/s；塑膜的渗透系数约为 $n \times 10^{-10}$ cm/s。因此，都不是绝对不渗水的。但我们把混凝土衬砌板和塑膜视为不透水的隔水层，是因为确实能够起到较好的防渗作用，保障渠道输水安全。我们知道，水在黏性土体中的渗透运动遵循 C·A·罗查近似式（1-10）的基本规律。由此可以推导出一定水力坡度作用下，在水体下方形成含水带厚度 T 的计算公式即式（1-15）。

起始水力坡度 I_0 随着土体黏粒含量增高和固结程度提高，当渗透系数达到 $n \times 10^{-7} \sim n \times 10^{-6}$ cm/s 时，其起始水力坡度可高达 5 ~ 6；对于混凝土衬砌板和防渗塑膜，其起始水力

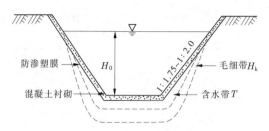

图1-20　挖方渠道防渗加固后渗透示意图

坡度 I_0 则更大,依经验判断可能要接近100。

　　根据式(1-15)的计算,在渠底和渠坡坡脚附近防渗塑膜的下方,将形成一个厚几厘米至十几厘米的含水带,土体呈饱水状态。由于混凝土衬砌板和防渗塑膜渗透性极其微弱,所以含水带形成历时较长。在过水时间较长的渠道中,揭开衬砌后在塑膜下方附着密集的水珠,证明防渗塑膜下已有不厚的含水带形成。同样,在含水带旁和下方,同时有毛细水带 H_k 形成,但对于防渗衬砌渠道而言,它的影响很小。

　　我们讨论这一问题,一方面肯定了混凝土衬砌和防渗塑膜在防渗工程中的作用;另一方面,分析衬砌渠道含水带的形成,必须正视对边坡稳定构成的不利影响。因此,我们建议在分析斜坡衬砌工程稳定时,应采用坡面土体饱和强度或不固结不排水强度,结合放空运行时内、外水压力条件变化进行验算,以满足渠坡衬砌工程稳定的要求。

　　由于连年干旱,南水北调中线工程展布地段地下水位下降剧烈,大部分地段埋深几十米至百米,漳河以北尤为严重。但局部地段仍分布有上层滞水,造成地下水位高于渠道底板,如图1-21所示。

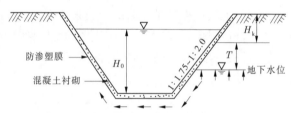

图1-21　全断面衬砌渠道阻隔地下水示意图

　　对于长距离、全断面衬砌挖方渠道而言,由于混凝土和防渗塑膜属于极微透水材料,可视为修筑了一道隔水墙。而山前斜坡地带地下水总体垂直斜坡径流,因而在上层滞水分布地段阻水还是比较严重的。阻水的结果可能有两个:一是使地下水上游渠坡坡脚附近水文地质环境恶化,形成盐渍化或湿地;二是在渠道运行中放空渠水运行时,由于外水压力较大,对渠坡衬砌工程的稳定不利,容易使渠坡衬砌产生破坏。因此,搞好渠道内或渠外排水显得非常重要,对于排水设计,我们建议采用C·A·罗查表示式(1-10)计算,以合理确定排水孔的密度和孔深,保障排水工程的有效性。

　　前面我们对强夯法和防渗加固工程做了分析。概括地讲,这些方法在水利工程中的适用性和效果是毋庸置疑的,尤其是强夯法由于设备简单、材料经济和效果明显而得到了广泛应用。混凝土配合防渗塑膜的成功应用,对土体的防渗起到了至关重要的作用。

　　但是,这些方法措施也存在着缺陷和不足。根据试验成果,采用强夯法对黄土类土地基进行加固处理后,虽然在消除湿陷性和防止地震液化方面效果显著,但对土体渗透性能没有改善,需要配合防渗加固措施,达到水利工程所要求的土体渗透性能指标。如前节所述,混凝土配合塑膜的防渗措施,对边坡稳定构成的不利影响和因阻水可能造成的环境地质问题,也应引起我们的高度警觉。

因此,利用已有加固技术的优点,顺应加固新技术向组合化发展的趋势,研究具有消除湿陷性和防止地震液化,又能提高土体防渗性能的综合方法,是水利工程界所期待的。

第2章 膨胀土渠道工程地质

2.1 概 述

近年来,在水利工程建设实践中,遇到诸多工程地质环境问题,膨胀土就是比较突出的工程地质环境问题之一。

膨胀土土体作为工业与民用建筑物,铁路、公路地基、地下洞室围岩,以及露天矿边坡工程等,产生的危害已经受到工程界和工程地质界的普遍关注,并从不同角度、依据不同理论,针对不同建筑物(工程体)对地基土体的要求来研究、评价其工程性质,获得了较好的成果;对膨胀土工程特性的认识和采取的地质工程措施,总结出了比较深入、系统的理论成果和实践经验,对保障施工安全和工程建筑物的安全运行,起到了积极的作用。

对于长距离输水渠道工程,就目前掌握的工程地质资料,在新疆额尔齐斯河引水分别至克拉玛依和乌鲁木齐的引额济克、引额济乌工程中的部分渠段(顶山附近及其以西地段),遇有第三系黏土岩类膨胀岩。该地区膨胀岩岩性较均一,结构和结构面产状等特征明显,平面、剖面分布规律性强,易于采取地质工程处理措施。但南水北调中线工程所经过的河南南阳盆地西缘、沙河—汝河段、安阳—焦作段,以及河北的邯郸西南部和邢台附近,分布着不同时代、不同成因类型和胀缩性有较大差异的膨胀土,给渠道工程地质勘察及地质工程措施设计和施工造成诸多困难。在此,作者利用可供借鉴的资料,对南水北调中线工程膨胀土渠道进行分析和讨论,为渠道工程勘察设计提供参考。

2.2 膨胀土的分布和成因类型

有关勘察资料显示,黄河以北段膨胀土渠段,主要分布在河南省辉县、汤阴县、安阳县及河北省的磁县、邯郸县、邢台市的兰羊村等部分渠段,膨胀土渠段总计长约 52 km。黄河以南段则主要分布在沙河—汝河、南阳盆地陶岔渠首—沙河南的绝大部分渠段。除此之外,潮河岗段下新统(E)胶结不良砂砾岩中,所夹超固结黏土亦略具膨胀性。上述膨胀土大多为第三系固结程度较好的黏土、下更新统(Q_1)黏土和中更新统(Q_2)残积土等。地貌上均呈垄岗形态。在垄岗两侧斜坡地带,上覆有下更新统(Q_1)或中更新统(Q_2)膨胀土及松散坡积物等。

南水北调中线工程在南阳盆地和太行山东麓发育有不同时代、不同成因类型的黏性土。上第三系(N)黏土系湖相堆积或河湖相堆积;下更新统(Q_1)黏土为河湖相堆积,黄河以北局部地段则有冰水相堆积;而中更新统(Q_2)黏土比较复杂,有河湖相堆积、冰积和残积黏土。

从区域构造活动和古气候特征分析,上述地区在晚第三纪(N)均处于稳定的下降沉积期,形成了一些大小不等的内陆湖盆。气候由温暖逐渐向大气降水减少、气温不断下降的温凉干旱气候环境过渡。在这种干旱、半干旱气候条件下,土体中水循环作用较弱,有利于碱金属离子的富集,因而形成了以碱性成分为主的成土环境,沉积了一套富含亲水矿物的湖相堆积地层。在南水北调中线工程所处地段,表现为固结程度较高、成层性相对较好、胀缩潜势较强的灰黄色、棕黄色和棕红色黏土,并且大多具有明显的下粗上细的韵律特征,是膨胀土分布地段的主要地层岩性类型。

自早更新世(Q_1)时期,气候不断向干旱气候转变,河流(湖)相堆积相对发育。湖相堆积主要分布在南阳盆地内,堆积了灰色、灰绿色黏土或壤土,夹有砂砾石层或砂砾石透镜体;在太行山前和南阳盆地边缘地带,除太行山前局部为冰水相堆积外,主要为河湖相堆积,由灰绿、棕红色相间分布的黏土、壤土、砂性土及泥砾层等组成,且呈零星分布。此类黏性土固结程度相对较差、质地相对疏松、膨胀潜势较弱,仅局部地段黏性土具有强膨胀性。

中更新世(Q_2)以来,气候环境与早更新世(Q_1)时期的干旱气候条件差别不大。黄河以南的南阳盆地形成了具有膨胀性的灰白色、灰绿色残积黏土或壤土;在黄河以北段,除辉县—安阳附近发育有短距离搬运、具有较强膨胀性的灰绿色泥灰岩和高钙土外,其余基本为冰水堆积泥砾或离石黄土。一般认为,离石黄土不具备强膨胀性,仅局部地段存在微弱的非自重湿陷性或微弱的膨胀性。

综上所述,膨胀土虽然大多分布在第四纪地貌的垄岗地带,但这些地带在晚更新世(Q_3)时期基本为湖盆,说明该时期以湖相堆积为主;早更新世(Q_1)的成土环境与晚更新世(Q_3)无明显差异,均以河湖相堆积为主;中更新世(Q_2)时期则以冲洪积或冰碛堆积为主。因而,在南水北调中线工程沿线,形成了不同地质历史时期、不同成因类型和胀缩特性强弱不一的膨胀土。

2.3 膨胀土的物质组成

2.3.1 土的颗粒组成

众所周知,土是由固态、液态和气态的两个或三个相构成。固态相的矿物颗粒构成了土的基本部分,称为"土粒"或"骨架"。土粒间的空隙中,有时全部充满着液态相的水,形成饱水土;有时全部充满着气态相的空气,形成干土;饱水土和干土都是二相体系。当空隙中既有液态相的水,又有气态相的空气时,则形成湿土,即为三相体系。

我们所说的液态相不仅仅只限于水,有时可以为石油等其他液体。但从工程角度研究土的颗粒组成时,这里的液态相部分,是指其中溶解了多种物质的自然水,而不单指纯化学水。同样,气态相在自然界中不单单是指空气,尚有沼气、硫化氢等其他气体,只是把空气(包括水蒸气)作为研究对象;当土体中具有冰时,称为"冻土"。固态相的冰,在这里既不与土颗粒混为一谈,也不与液态相的水归在一起,而是作为一个特殊"相"的组成部分。

土颗粒表面由具有游离价的原子或离子组成。这些原子或离子具有静电引力,在土颗粒表面形成静电引力场。水分子是偶极体,可以被静电引力所吸引。所以,当土颗粒与水接触时,在静电引力相互作用下,靠近土粒表面的水分子失去了自由活动的能力而整齐、紧密地排列起来。这些部分或完全失去自由活动能力的水分子,在土颗粒周围形成一个薄膜——"水化膜",水化膜内的水,称为结合水。

我们知道,水分子是由两个位于等腰三角形底角的"H"原子和一个位于顶角的"O"原子以共价键的形式构成的,如图2-1所示。等腰三角形顶角为103°~106°,两腰的边长为0.96 Å(气态、液态)或0.99 Å(固态),水分子直径为2.76 Å。在研究土体工程特性中,常以水的偶极性来解释关于水分子缔合等许多现象,但实际上这种吸引力居次要地位,主要的吸引力是由水分子上的氢与相邻水分子的氧相吸引而产生的,即由 OH^-(氢键)形成,这是研究土体强度应特别重视的。

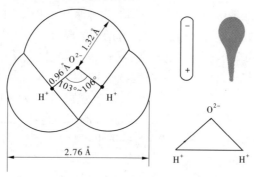

图2-1　水分子结构示意图

当两个土粒靠近时,土粒间形成的公共水化膜将两个土粒联结起来,而土粒的自重却始终使土粒具有脱离这种联结的趋势。所以,公共水化膜的联结力与土粒自重之比,就成为评价土粒相互联结牢固程度的重要指标。由于水化膜的联结力与土粒表面积成正比,土粒自重与其体积成正比,因而土粒间的联结牢固程度,可以用土粒表面积与体积之比——比表面积这一指标进行宏观判别。同时,我们知道比表面积又与土粒粒径成反比,因而就分析土体工程特性而言,研究土体颗粒组成具有重要实践意义。

从工程土体意义上讲,从不同的研究目的出发,按照不同的粒度成分划分粒组,就是应用粒度成分分析技术取得的成果,进而确定划分粒组的界限值,使不同粒组能服从简单的数学规律,以便更好地应用于实践。对于粒组的表示方法,无论是图解法还是分布曲线、累积曲线法,都是基于统计和概率理论,从曲线的峰、谷形态,分析成土时的紊流、层流等水流状态,从而进一步分析成土条件和地质历史环境。因此,分析粒度分布曲线或累积曲线及其成土环境,对于我们研究土体的工程特性,具有重要的工程意义。

对于土的颗粒分析方法和粒组划分标准,目前国内外基本上达到了近于统一的认识,只是因为工程目的和研究方向的不同而略有差别。尽管如此,但我们仍需着重说明的是,在运用不同的颗粒分析方法时,应特别注意适用条件、假设条件及其边界条件的建立和应用。如比重计法,土粒在静水中的沉降速度是用斯托克斯公式求得,即

$$V = \frac{1}{1\,800} \cdot g \cdot d^2 \frac{\Delta - \Delta_w}{\eta} \tag{2-1}$$

式中　V——土粒沉降速度,cm/s;

　　　d——土粒直径,mm;

g——重力加速度，cm/s^2；

Δ——土粒比重，g/cm^3；

Δ_w——水的比重，g/cm^3；

η——水的动力黏滞系数，g/(cm·s)。

该公式的假设条件设定为悬液的浓度应很小，且黏滞系数应为一常数；土粒比重应相同，并且是圆球状；土粒的直径应远大于水分子直径，而且土粒水化膜厚度应等于零；沉降速度应很小等。因此，我们应特别注意并深入研究这些假设条件对试验成果的影响，既不能将不同试验方法下的成果进行简单的对比和应用，也不能面对纷繁复杂的数据进行罗列和分析，关键是要分析它们之间的内在关系，这对于研究土的颗粒分析成果和指导工程实践帮助极大，是工程地质师不容忽视的一个重要环节。

2.3.2 膨胀土的颗粒组成

前述南水北调中线工程沿线膨胀土的类型主要为湖相堆积的黏土；少部分为残积或短距离搬运河湖相堆积的泥灰岩；另有冰水堆积或洪积黏土夹砂砾石（岩）。从宏观古地理环境和试验成果分析看，不同成因类型的膨胀土，其颗粒组成存在着的较大的不均一性：湖相堆积膨胀土颗粒组成较细；冰水堆积和洪积膨胀土颗粒组成相对较粗。

黄河以北段膨胀土的颗粒组成如表 2-1、表 2-2 所示。

表 2-1　黄河以北段主要膨胀土颗粒组成统计

岩性名称	粒度含量平均值（%）			
	>0.05(mm)	0.05~0.005(mm)	<0.005(mm)	<0.002(mm)
灰白色膨胀土	18.5	40.6	40.9	19.2
棕红色膨胀土	22.7	41.8	35.5	16.3
灰绿色膨胀土	17.6	36.4	46.0	21.2

表 2-2　黄河以北段典型膨胀土颗粒组成统计

岩性名称	成因类型	取样地点	粒度含量（%）			
			>0.05 (mm)	0.05~0.005 (mm)	<0.005 (mm)	<0.002 (mm)
灰白色膨胀土	泥灰岩风化	辉县老道井	16.2	30.6	53.2	17.0
		汤阴水利仓库	13.5	50.5	36.0	17.5
		汤阴前李朱	38.0	26.0	36.0	10.5
棕红色膨胀土	黏土岩风化	邯郸南城北	22.8	38.0	39.2	20.0
		邯郸南两岗	17.0	49.0	34.0	12.0
灰绿色膨胀土	黏土岩风化	邯郸南城南	13.8	39.8	46.4	24.0
		永年棉纺厂	21.6	41.5	36.9	20.0
灰绿、灰白色膨胀土	湖相沉积	邯郸东官庄	23.0	33.0	44.0	29.0
棕黄色膨胀土	冰水沉积	邢台兰羊村	39.0	32.0	29.0	11.0

注：这里所说的"岩"是按时代划分的，实际没成岩。

表中数据显示，黄河以北段膨胀土以细颗粒为主，<0.005 mm 黏粒是主要组成部分，

含量达到29%～53.2%,因而也具有了较多的蒙脱石类等高分散性矿物;<0.002 mm 的胶粒含量主要分布在7%～29%区间,其中湖相堆积的胶粒含量较高,个别样品高达40%左右,大于冰水环境下堆积的壤土或黏土胶粒含量;由于冰水堆积物中含有较多的砂砾石,局部地段呈透镜状展布,>0.05 mm 粒级粗颗粒含量可达39%。因此,膨胀土细粒含量多寡与其成因类型有着密切关系,且在空间分布上有一定的随机性。

黄河以南的沙河—汝河渠段膨胀土,集中分布在鲁山县和宝丰县一带,该渠段长约36 km。岩性主要为黏土(岩)夹泥灰岩及砾岩等河湖相堆积物,以灰绿夹棕黄色为主,兼有灰绿色、灰白色及棕红色,并含有钙质结核和铁锰质结核。土体内微裂隙发育,但多呈闭合状态,天然露头多呈鳞片状剥落。其颗粒组成如表2-3所示。

表2-3　黄河以南沙河—汝河段膨胀土颗粒组成统计

岩性名称	粒度含量(%)		
	>0.05(mm)	0.05～0.005(mm)	<0.005(mm)
弱胀缩性膨胀土	17.2 / 11.0～37.5	42.9 / 30.0～48.5	39.9 / 29.2～48.0
中等胀缩性膨胀土	10.5 / 9.0～14.0	37.4 / 30.5～44.0	52.1 / 47.0～59.0
强胀缩性膨胀土	8.5 / 7.0～10.0	35.0 / 30.0～40.0	56.5 / 53.0～60.0

注:表中数据表示为:平均值/范围值。

南阳盆地渠线段广泛分布有膨胀土,是我国东部典型膨胀土分布地区之一,膨胀土的颗粒组成如表2-4所示。

表2-4　南阳盆地膨胀土颗粒组成统计

成因类型	岩性名称	粒度含量(%)				统计组数
		>0.05(mm)	0.05～0.005(mm)	<0.005(mm)	<0.002(mm)	
残坡积	泥灰岩风化(灰白黏土)	11.8 / 2～21	35.5 / 23～47	52.7 / 17～64	27.2 / 20～31	11
	花岗岩风化(灰白黏土)	22.5 / 20～25	36.5 / 33～40	41.0 / 40～42	20.0 / 14～26	4
河湖相	灰黑色黏土	10.9 / 5～16	52.0 / 43～57	38.7 / 35～54	23.1 / 16～29	32
冲洪积	棕黄色黏土	6.0 / 1～15	51.2 / 38～59	44.4 / 38～55	25.5 / 22～39	218
	灰白色黏土	8.3 / 6～12	34.3 / 30～47	57.4 / 48～64	31.7 / 24～43	15
洪积	红色黏土	10.7 / 2～22	44.5 / 31～47	44.8 / 36～53	23.7 / 14～30	11
	灰白色黏土	8.0 / 2～12	43.7 / 42～46	48.3 / 40～55	30.0 / 26～34	6

注:表中数据表示为:平均值/范围值。

由表中资料来看,南阳盆地膨胀土的颗粒组成以<0.05 mm 的细粒为主,并含有少量的石英、长石、云母和方解石等碎屑颗粒。其中,<0.005 mm 的黏粒所占比例较大,一般为38%～57%,最高达64%;<0.002 mm 的胶粒含量多在20%～32%;0.05～0.005 mm

的粉粒含量则可达到34% ~52% 。而 >0.05 mm 的砂粒含量仅占 6% ~12% ,由花岗岩风化而形成的膨胀土,砂粒含量可达22%左右。

总之,南水北调中线工程沿线膨胀土的颗粒组成是以黏粒为主,<0.002 mm 粒级也占有一定的比例。从矿物成分与颗粒粒组的赋存关系判断,土体中含有较多的高分散性矿物。同时我们知道,不同成因类型和不同母岩风化搬运形成的膨胀土,由于搬运、分选和沉积环境及母岩风化程度的不同,颗粒组成有较大的差异。冲洪积堆积的灰白色膨胀土,黏粒和胶粒含量分别高达64%和43%,由于所含矿物具有亲水性强的特性,决定了其工程地质性质比较差。

2.4   膨胀土的矿物化学成分

2.4.1   土的矿物化学成分

我们知道,土是岩石物理风化或化学风化作用的产物。物理风化作用可使岩石破碎形成土粒,但不会改变原有的矿物组成,如石英、长石和云母等。化学风化作用则可使岩石原生矿物发生物质变化,形成次生矿物。在次生矿物中,可溶性次生矿物往往被水溶解带走,留下的则是不可溶性次生矿物。

不可溶性次生矿物颗粒一般非常细小,是构成黏性土的主要成分。虽然有时这部分细颗粒含量在土的整个颗粒组成中所占比重不大,但却是控制土体工程特性的主导因素。土体的进一步风化,则往往有生物作用参与其中,使土体中有机质含量增加。当有机质含量较高时,对土体工程特性同样起着重要的控制作用。

一般而言,土体中最常见的矿物与它的颗粒组成存在着一定的关系,这种关系可见表2-5。

蒙脱石组黏土矿物一般是化学风化的初期产物,SiO_2 成分的含量比其他粒组的黏土矿物多。它的结晶是由众多互相平行的晶胞组成,上下面均为 Si—O 四面体,中间夹一个 Al—O—OH 八面体,如图 2-2(a)所示。晶胞与晶胞之间可吸收无定量的水分子,所以结晶格架非常活跃,亲水性强。当吸水到一定程度时,相邻晶胞便失去联结力而分解为更小的颗粒。

伊利石(水云母)组黏土矿物的结晶格架与蒙脱石极为相似,亦是由相互平行的晶胞组成,但每个晶胞由两个 Si—O 四面体、中间夹一个 Al—O—OH 八面体层组成。晶胞之间同样可吸收无定量的水分子。二者所不同的是四面体中的 Si 可以被 Al^{3+}、Fe^{3+} 所取代,因而在相邻晶胞之间出现比蒙脱石组更多的一价正离子,有时亦可能出现二价正离子,以补偿晶胞中正电荷之不足,所以晶架活动性和亲水性亦较强,但不及蒙脱石组。

高岭石组黏土矿物的结晶格架,虽然由相互平行的晶胞组成,但晶胞的厚度很小,且由一个 Si—O 四面体和一个 Al—O—OH 八面体层组成,如图 2-2(b)所示。所以晶胞间的联结力较大,水分子不易进入晶胞之间,加之矿物粒径较大,亲水性比伊利组要小。

结晶格架结构显示,黏土矿物的结晶格架有两个主要的结构要素:一是 Si—O 四面体,二是 Al—O—OH 八面体层。Si—O 四面体的中心为 Si,四个顶角为 O,因而 Si 与周围的 O 是等距的。四面体的底面在同一平面上,而顶角处于这个平面的同一侧,指向 Al—O—OH 八面体层。所以四面体中心的 Si 也在同一个平面上。

表 2-5 土体粒组与矿物成分关系

粒组名称		漂卵砾碎块石	砂粒组	粉粒组	黏粒组		
					粗	中	细
粒组直径(mm)		>2	2~0.05	0.05~0.005	0.005~0.001	0.001~0.0001	<0.0001
原生矿物	母岩碎屑(多矿物结构)						
	单矿物颗粒 石英						
	单矿物颗粒 长石						
	单矿物颗粒 云母						
次生矿物	次生二氧化硅(SiO_2)						
	黏土矿物 高岭石						
	黏土矿物 水云母						
	黏土矿物 蒙脱石						
	倍半氧化物 (Al_2O_3) (Fe_2O_3)						
	难溶盐($CaCO_3 \cdot MgCO_3$)						
腐殖质							

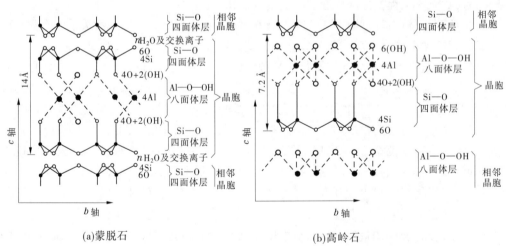

图 2-2 黏土矿物结晶格架示意图

但对于蒙脱石而言,有的学者认为:Si—O 四面体的底面虽然位于同一个平面上,但其顶角并不在这个平面的同一侧,各以半数位于这个平面的两侧,指向 Al—O—OH 八面体层,其顶角为 O,指向晶胞外侧的顶角为 OH,这样 Si 就在两个平面上了。

黏土矿物中的 Al—O—OH 八面体层,Al 位于八面体的中心,与其六个顶角等距。在组成八面体层的众多八面体中,每个八面体的三个顶角在同一平面上,而另外三个顶角在另一个平面上,因而中心 Al 在同一个平面上。八面体的顶角,有的指向 Si—O 四面体的顶角共为一点,由 O 占有,其余顶角则由 OH 占有。

一般认为,富含蒙脱石组矿物的黏土,具有很强的压缩性、可塑性、膨胀性和很低的抗剪强度及很弱的渗透性;而富含高岭石组矿物的黏土,其压缩性、可塑性、膨胀性等,都远低于富含蒙脱石组矿物的黏土,但抗剪强度高于前者。因此,通过对黏土矿物成分和矿物结构的分析,对于分析土体的工程特性极为重要,是工程地质师应特别关注的问题。

2.4.2 膨胀土的矿物化学成分

2.4.2.1 黄河以北段

黄河以北段膨胀土的矿物成分包括碎屑矿物和黏土矿物两部分,详见表2-6。

表2-6 黄河以北段膨胀岩土矿物成分

编号	岩性名称	取样地点	碎屑矿物(%)			黏土矿物(%)			
			石英	方解石	长石	蒙脱石	伊利石	高岭石	绿泥石
1	灰白色膨胀土	辉县老道井	15.0	25.0	0	18.0	15.0	21.0	6.0
2	灰白色膨胀土	汤阴前朱李	12.0	60.0	0	23.8	2.0	2.2	0
3	灰绿色膨胀土	汤阴水利局仓库	30.0	6.0	0	35.2	16.0	9.6	3.2
4	灰白色膨胀土	汤阴少林武术学校	3.0	80.0	0	10.2	3.4	2.6	0.5
5	灰白色膨胀土	汤阴侯小屯	30.0	2.0	0	30.6	10.2	23.8	3.4
6	棕红色膨胀土	磁县溢泉	40.0	3.0	2.0	41.3	5.5	8.3	0
7	灰绿色膨胀土	邯郸南城南	35.0	7.0	2.0	33.6	11.2	7.3	3.9
8	棕红色膨胀土	邯郸南城北	25.0	30.0	2.0	17.2	6.5	15.1	4.3
9	棕红色膨胀土	磁县东槐树	26.0	5.0	15.0	34.0	10.0	10.0	0
10	灰绿色膨胀土	邯郸齐村	28.0	20.0	0	32.0	8.0	12.0	0
11	灰绿色膨胀土	邯郸曹庄	30.0	0	3.0	57.6	4.7	4.7	0
12	灰绿色膨胀土	邯郸南肖庄	16.0	31.0	0	30.0	10.0	7.0	6.0
13	灰绿色膨胀土	邯郸西肖庄	28.0	30.0	0	27.3	4.2	6.3	4.2
14	灰绿色膨胀土	永年棉纺厂	30.0	1.0	6.0	54.2	3.8	5.0	0
15	棕红色膨胀土	邯郸南城北	10.0	60.0	3.0	14.9	6.8	5.4	0
16	棕黄色膨胀土	邢台兰羊村	26.0	8.0	16.0	34.0	9.0	7.0	0
17	灰白色膨胀土	新乡潞王坟	18.0	25.0	1.0	26.0	10.0	13.0	0
18	灰白色膨胀土	邯郸黄梁梦	25.0	6.0	9.0	43.0	7.0	10.0	7.0

碎屑矿物中大部分为石英、方解石和长石等。石英的平均含量为28.5%,其中,磁县溢泉一带的棕红色膨胀土中石英含量高达40%,方解石含量平均为12.9%;邯郸西肖庄灰绿色膨胀土中方解石含量达30%。

黏土矿物中以蒙脱石为主,平均含量为34.2%。其中,永年棉纺厂附近的灰绿色膨胀土中,蒙脱石含量高达54.2%。显而易见,不同渠段膨胀土中黏土矿物类型、所占比例和组合形式是有差异的,这是由于在成土过程中的成土环境、物理化学风化程度和水文地质环境的差异所致。

黄河以北段膨胀土的化学成分主要由 SiO_2、Al_2O_3、Fe_2O_3、CaO 四种氧化物组成,占总量的83%~87%。由于成土程度的不同,CaO 的含量相差较大,详见表2-7。

表2-7 黄河以北段膨胀土化学成分

岩性名称	母岩名称	取样地点	化学成分含量(%)							阳离子交换量 (meq/100 g)	比表面积 (m²/g)	游离 Fe_2O_3 (%)	游离 SiO_2 (%)
			SiO_2	Al_2O_3	Fe_2O_3	CaO	MgO	Na_2O	K_2O				
灰白色膨胀土	泥灰岩	辉县老道井	48.12	18.05	2.30	14.20	1.82	0.30	2.21	17.81	140	0.39	0.02
灰白色膨胀土	泥灰岩	汤阴前朱李	24.40	6.68	2.06	34.03	1.10	0.08	0.84	25.29	240	0.12	0.06
灰绿色膨胀土	泥灰岩	汤阴水利局仓库	58.51	16.66	5.54	5.43	1.36	0.14	1.76	29.85	304	0.45	0.18
灰白色膨胀土	泥灰岩	汤阴少林武术学校	9.31	2.97	0.98	45.62	0.58	0.08	0.61	5.00	54	0.17	0.06
灰白色膨胀土	泥灰岩	汤阴侯小屯	59.36	14.90	6.17	6.04	1.52	0.14	1.47	32.48	230	0.83	0.19
棕红夹灰绿色膨胀土	黏土岩	磁县溢泉	63.68	16.10	4.80	1.94	1.34	0.33	1.06	40.98	281	0.66	0.15
灰绿色膨胀土	黏土岩	邯郸南城南	57.31	16.98	6.77	4.05	2.25	0.34	1.85	43.47	216	0.35	0.15
棕红色膨胀土	黏土岩	邯郸南城北	45.25	12.04	4.33	17.30	1.58	0.18	2.45	22.80	171	0.25	0.07
棕红色膨胀土	黏土岩	磁县东槐树	61.57	16.78	6.80	1.98	1.86	0.32	2.38	49.30	175	1.94	0.08
灰绿色膨胀土	黏土岩	邯郸齐庄	59.02	16.51	5.95	3.95	1.62	0.23	1.80	51.40	28.5	1.40	0.12
灰绿色膨胀土	黏土岩	邯郸曹庄	61.50	14.29	6.80	2.60	1.94	0.18	1.57	62.10	388	1.09	0.15
灰绿色膨胀土	湖相沉积土	邯郸东官庄	41.59	11.52	4.95	18.42	1.88	0.29	1.22	37.60	245	0.43	0.11
灰绿色膨胀土	湖相沉积土	邯郸西官庄	45.35	10.22	3.99	17.30	2.00	0.20	1.06	36.20	186	0.43	0.11
灰绿色膨胀土	黏土岩	永年棉纺厂	59.89	16.08	5.61	1.28	1.86	0.57	1.41	59.73	338	0.12	0.12
棕红色膨胀土	黏土岩	邯郸南城北	21.74	5.10	1.97	35.98	0.87	0.10	1.25	12.95	138	1.38	0.06
棕红色膨胀土	冰水沉积土	邢台兰羊村	62.53	17.94	6.25	1.43	0.94	0.51	2.22	43.00	170	1.43	0.09

在化学成分中,K 这一活泼元素含量较高,说明成土过程中风化淋滤作用微弱,风化程度较低。阳离子交换量在 $25 \sim 62$ meq/100 g,说明黏土矿物以蒙脱石和伊利石为主。邯郸曹庄灰绿色膨胀土阳离子交换量最高,比表面积最大,黏土矿物蒙脱石含量高达 57.6%;磁县东槐树渠段棕红色膨胀土游离氧化铁为 6.8%,这在一定程度上增强了颗粒间的联结;而永年棉纺厂一带灰绿色膨胀土中游离氧化铁、氧化硅的含量很低,仅有 0.12%。

2.4.2.2 黄河以南段

黄河以南沙河—汝河间膨胀土各试样化学成分含量差异较小,均以 SiO_2、Al_2O_3 和 Fe_2O_3 为主,约占化学成分总量的 80% 以上,其次为 CaO、MgO、Na_2O、K_2O 和 TiO_2,如表 2-8 ~ 表 2-9 所示。

表 2-8　沙河—汝河段膨胀土全量土化学成分

样号	化学成分含量(%)								游离氧化物(%)	
	SiO_2	Al_2O_3	Fe_2O_3	CaO	MgO	Na_2O	K_2O	TiO_2	SiO_2	Fe_2O_3
E_{104}	65.40	17.60	3.73	1.71	2.38	0.36	1.22	0.83	0.28	0.09
E_{111}	62.88	16.29	6.80	1.16	2.14	0.16	2.49	0.92	0.29	0.16
E_{119}	63.48	16.91	6.56	1.46	1.52	0.16	2.22	0.96	0.32	0.31
E_{126}	52.84	14.34	5.92	9.09	1.90	0.23	2.83	0.68	0.26	0.68
E_{130}	63.00	15.78	6.35	1.67	2.50	0.18	2.22	0.84	0.37	0.18

表 2-9　膨胀土阳离子交换量与比表面积关系

样号	阳离子交换量 CEC(mmol/100 g)	比表面积 S(m^2/g)
E_{104}	92	269
E_{111}	84	232
E_{119}	90	265
E_{126}	52	182
E_{130}	84	237

从化学组成分析,该渠段膨胀土以蒙脱石为主。而膨胀土的胶结物除 $CaCO_3$ 外,其他能起胶结作用的游离硅、铁氧化物含量均很低,所能起到的胶结作用很小。所以,土中黏粒之间的联结主要靠水联结和静电引力,从而造成土粒间联结力弱,稳定性差。

该渠段膨胀土碎屑矿物中石英含量较高。黏土矿物则以蒙脱石为主,含量高达 34% ~ 60%,平均值为 50%;而伊利石仅占 0 ~ 17%,平均值为 9%;高岭石占 3% ~ 6%,平均值为 4%。从黏土矿物的含量分析,此段膨胀土亲水性强,具有较强的胀缩性,如表 2-10 所示。

表 2-10 黄河以南段膨胀土矿物成分统计

样号	取样地点	岩性名称	成因类型	碎屑矿物(%)				黏土矿物(%)		
				石英	钾长石	钠长石	方解石	蒙脱石	伊利石	高岭石
E_{104}	鲁山南坡	灰绿色膨胀土	黏土岩（风化残积）	26.5	2.5	6.0		60		5
E_{111}	黄村东	灰绿色膨胀土	黏土岩（风化残积）	35.7				42	16	6
E_{119}	八里岭	灰绿夹棕红色膨胀土	黏土岩（风化残积）	26.5		2.5		60	7	4
E_{126}	马庄东	灰绿夹棕红色膨胀土	黏土岩（风化残积）	24.1	4.6	6.0	13.8	34	17	4
E_{130}	沃沟张	灰绿夹棕黄色膨胀土	黏土岩（风化残积）	29.1	3.2	6.0		55	7	3

该段膨胀土化学成分虽有一定的差异，但均主要由 SiO_2、Al_2O_3、Fe_2O_3 组成，三种氧化物总量达81%~86%，其中 SiO_2 的含量相对较高，表明在粗颗粒中石英矿物相对富集，见表2-11。而在黏土颗粒中，铝硅酸盐矿物则相对富集。灰黑色黏土和棕黄色黏土的硅铝分子比为3.55~3.62，表明伊利石为主要矿物成分；而灰白色黏土的硅铝分子比多大于4.0，说明其矿物组成以蒙脱石为主。

表 2-11 南阳盆地膨胀土化学成分统计

粒级范围	岩性名称	地层时代	成因类型	化学成分平均含量(%)							$\dfrac{SiO_2}{Al_2O_3}$
				SiO_2	Al_2O_3	Fe_2O_3	CaO	MgO	K_2O	Na_2O	
小于2μm颗粒	灰白色黏土	Q	风化泥灰岩	55.16	19.50	7.23	0.28	4.69	2.03	0.13	4.80
			风化花岗岩	54.17	23.56	7.91	0.33	2.16	1.30	0.88	3.95
		Q_2	冲洪积	55.62	22.21	7.76	0.28	2.21	1.76	0.14	4.23
		Q_1	洪积	55.00	22.89	6.02	0.27	2.67	1.87	0.14	4.08
	棕黄色黏土	Q_2	冲洪积	52.95	24.79	7.09	0.34	2.05	2.46	0.91	3.62
	灰黑色黏土	Q_3	河湖相	51.91	24.78	7.16	0.40	2.09	2.34	0.22	3.55
全部土粒	灰白色黏土	Q	风化泥灰岩	59.22	15.92	3.49	2.80	0.63	1.56	0.42	6.32
			风化花岗岩	66.97	14.42	3.27	1.48	0.69	2.66	0.76	7.85
		Q_2	冲洪积	64.89	14.63	7.40	1.04	1.12	0.85	0.14	7.50
		Q_1	洪积	60.35	13.91	4.50	1.02	0.81	1.95	0.34	7.34
	棕黄色黏土	Q_2	冲洪积	63.69	15.36	5.80	1.04	0.86	1.93	0.73	7.02

此外,与黄河以北段相比,膨胀土中 K、Na、Ca、Mg 等较活泼的碱金属、碱土金属含量也较高,同样说明了黄河以南段膨胀土在成土过程中风化淋漓作用较弱,化学风化程度很低。如果环境适宜,伊利石脱钾可以转变为蛭石或蒙脱石,这将导致膨胀土的胀缩性加剧。

表 2-12 揭示了南阳盆地膨胀土中灰白色黏土的矿物成分以蒙脱石为主,其含量高达 33% ~ 55%,平均值约为 44%;伊利石和高岭石含量较低,分别仅为 5% ~ 13% 和 5% ~ 8%。

表 2-12　南阳盆地膨胀土黏土矿物成分

岩性名称	成因类型	地层时代	取样地点	矿物成分及含量(%)	鉴定方法
灰白色黏土	泥灰岩风化	Q	镇平	蒙$_{33}$伊$_{10}$高$_8$	X 射线、差热、电镜
	花岗岩风化	Q	安皋	蒙$_{46}$伊$_5$高$_5$	X 射线、差热、电镜
	冲洪积	Q	十八里岗	蒙$_{42~55}$伊$_{5~13}$高$_6$	X 射线、差热、电镜
	洪积	Q	九重	蒙$_{43}$伊$_7$高$_6$	X 射线、电镜
棕黄色黏土	冲洪积	Q$_2$	构林	伊$_{35}$蒙$_{16}$高$_8$	X 射线、差热、电镜
		Q$_1$	圣怀楞	伊$_{31}$蒙$_{22}$高$_{少量}$	X 射线、电镜
灰黑色黏土	河湖相	Q$_2$	槐树湾	伊$_{17}$蒙$_{17}$高$_{10}$	X 射线、电镜
		Q$_3$	十林	伊$_{32}$蒙$_{15}$高$_8$	X 射线、差热

注:"黏土矿物成分及含量"中,脚码数字为含量百分数。

棕黄色黏土中的黏土矿物成分以伊利石为主,含量达 31% ~ 35%;蒙脱石含量次之,在 16% ~ 22%;高岭石含量与灰白色黏土相近,仅占 8% 左右。

灰黑色黏土矿物中,伊利石含量相对稍高,占 17% ~ 32%;蒙脱石含量则为 15% ~ 17%,而高岭石仅为 8% ~ 10%。

通过对黏土中不同矿物含量多寡的宏观判断,灰白色黏土比棕黄色和灰黑色黏土的胀缩性更强,是工程防治的重点地段。

2.5　膨胀土结构特征

2.5.1　膨胀土土粒结构

所谓土粒结构,是指在一定的成土环境中,土粒或土粒集合体本身的大小、形状、表面特征、相互排列形式和相互联结,以及微孔(裂)隙的空间形态与充填情况等。

我们知道,黏土矿物是由 Si—O 四面体和 Al—O—OH 八面体加碱金属和氢氧根离子组成的。不同的黏土矿物,具有各自的晶格结构。这一自身规律,决定了其具有不同的物理化学和力学特性。

多数学者认为,高岭石类属于 1:1 型黏土矿物,即由一个 Si—O 四面体和一个

Al—O—OH八面体叠合在一起形成的双层矿物。Si—O四面体中的氧离子(O^{2-})和铝氧八面体中羟基(OH^-)形成氢键,使得两离子叠合在一起。离子间的电荷基本达到平衡,晶格牢固,很少有同晶置换,晶格亦不具有扩展性,因而阳离子交换量很低。

伊利石类矿物属于2:1型黏土矿物,即由两个Si—O四面体夹一个Al—O—OH八面体形成三层矿物结构。上、下两个离子均为Si—O四面体中的氧离子(O^{2-}),所以叠结片之间没有形成氢键。但是,Si—O四面体中约有1/4的硅离子(Si^{4+})被铝离子(Al^{3+})置换,这样就形成了四个Si—O四面体单位带有一个负电荷,所以要求在晶格间吸附阳离子来平衡负电荷。而钾离子(K^+)恰好能进入由四个Si—O四面体单位形成的六角网孔,导致钾离子(K^+)进去之后使片与片之间获得了很好的结合,促使伊利石晶格牢固,故阳离子交换量较低。

蒙脱石类同属于2:1型黏土矿物,即由两个Si—O四面体和一个Al—O—OH八面体叠合成三层矿物结构。但是,由于离子片之间无钾离子(K^+)联结,同时水分子是偶极体,依靠离子吸引力进入片层之间,并且使晶格膨胀,进而产生体积变化。同时,蒙脱石同晶置换频繁,具有较多的负电荷,所以需要吸附较多的阳离子以平衡多余的负电荷。当吸附钙离子(Ca^{2+})相对较多时,则形成钙蒙脱石,晶格具有较强的胀缩性,此时阳离子交换程度较高。

与上述黏土矿物不同,绿泥石类为2:1:1型黏土矿物,单位晶层由一层2:1型云母层和一层水镁石层组成——由两个单位晶层间氢键和正负电荷联结。遇有风化等因素,使水镁石层的部分OH^-和H^+演变为H_2O,形成不完整的水镁石层。因此,绿泥石也具有一定的胀缩性,但是阳离子交换量较低。

除上述四类黏土矿物外,尚有混层黏土矿物。所谓混层矿物,系指黏土晶体由数种单位晶胞或者由两种或两种以上类型的基本结构单位所组成的黏土矿物。这是矿物共生的特殊类型,在土壤及其他沉积物中普遍存在。

所以我们说,黏土矿物的结构是复杂的。从黏土矿物的结晶格架讲,无论是Si—O四面体层,还是Al—O—OH八面体层,都是无限延伸的面,在结构上可以视为无边缘。但是,在不同形式的搬运过程或风化等外力作用下遭受破坏,形成了大小不等的黏土片,因而使有限大小的土粒边缘,成为无限延伸的Si—O四面体层与Al—O—OH八面体层的断口部位,显示出Si—O和Al—O—OH各层具有游离价原子的特性。

对于膨胀土而言,与单位晶层相比,游离价原子表现在静电引力上的作用更强一些。而大量的试验研究成果表明,膨胀土中的黏土颗粒多呈片状或扁平状,这些黏土片堆积在一起时,黏土片间彼此呈不同形式的聚集,形成定向、半定向或随机组合排列的各种叠聚体。面与面相叠,可形成密集状;边与面相集,则可能形成架空,有相对较大的空隙形成等,这是组成土体的基本土粒单元。一般土粒的结构类型如图2-3所示。

从膨胀土的土粒结构特征和矿物组成分析,高岭石土叠聚体中的黏土片排列相对整齐且紧密,因此叠片间联结牢固而稳定。蒙脱石叠片间静电引力较弱,叠片间联结不牢固,是一自易变的叠聚体。这使二者在胀缩特性的表现上形成了一定的差异。不仅如此,在各种叠聚体间,分布着大小不同、形状各异的微孔隙或微裂隙,构成了膨胀土特有的微结构特征。这种土体结构有利于水的入渗和排出,给水在土体中的迁移变化创造了有利

(a)架叠结构   (b)片堆结构   (c)片架结构

图2-3　土的结构类型示意图

条件。

在分析了南水北调中线工程膨胀土的分布、成因和成土环境及胀缩特性后认为,天然状态下膨胀土的固结程度较高或呈超固结状态,黏土晶片呈面与面间叠聚,土颗粒联结紧密,形成较紧密或紧密的片堆叠集体。此类微结构形式,使破碎的单个黏土片呈近水平方向叠聚,所以黏土片断口在平面方向上的分布数量远大于垂直方向上的分布数量。不仅如此,黏土矿物中的蒙脱石在结晶格架内部的某些高价元素,有着被其他低价元素所取代的能力,结晶格架中出现了多余的游离原子价,其结果是游离原子价增加了黏土对水的吸附能力。

因此,在平面方向上,土体表现出的游离原子价大于垂直方向黏土片间游离价的强度;同时,在水—土相互作用时,平面方向上吸附的水分子数量大于垂直方向吸附水分子的数量。吸附水分子数量的多少,在膨胀土体胀缩特性上的反映,就是平面方向胀缩力和胀缩量,大于垂直方向的胀缩力和胀缩量。

实践表明,当土体结构松散、固结程度较差时,水平和垂直方向上的胀缩特性差异较小或不太明显。随着土体固结程度的提高或向超固结状态过渡时,二者的差异就越来越大,或比较明显。所以说,土体固结程度不同,其水平方向和垂直方向上的胀缩强度是不同的。掌握了土体胀缩特性的这一变化规律,对于认识与评价工程土体的稳定性极为重要,是有效指导地质勘察和土体加固工程设计的重要基础工作。

2.5.2　膨胀土土体结构

前面我们已经谈到了膨胀土的物质组成和土颗粒的微结构特征。膨胀土的矿物成分主要由蒙脱石和伊利石等亲水性强的黏土矿物组成,二者的主要区别在于蒙脱石的亲水性更强,在水—土相互作用过程中,遇水膨胀、失水收缩,导致土体在胀缩过程中产生胀缩应力,造成土体变形破坏。

膨胀土体典型的变形破坏形式,是在水平方向沿底层面蠕滑,垂直方向产生具有发育规模大、分布密度小的收缩裂隙,形成裂隙土体。如图2-4所示。

在蠕滑过程中,当沿着层面向土体收缩中心方向的收缩应力较强时,可形成与收缩应力呈50°左右交角的小型密集收缩剪裂隙,近似于剖面上的"X"形节理裂隙。这类裂隙多张开,裂隙面光滑。后期普遍充填有灰白或灰绿色黏土,颗粒细腻没有砂感,呈软塑或近流塑状态,而裂隙间的土块则呈非饱和状态,如图2-5所示。这对于一些膨胀土体而言,土体的强度不再是由膨胀潜势的强弱所决定了,密集的、有次生充填的裂隙组合和联结将成为控制某些工程土体稳定的主要条件。

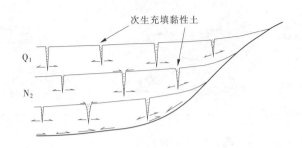

图2-4 膨胀土体收缩裂隙、层面蠕滑示意图

图2-5 裂隙充填物情况影像图

通过对黄河以南的南阳盆地内和黄河以北的潞王坟等地段的调查,膨胀土体内发育有不同类型的破裂结构面,包括原生和次生结构面两类。原生结构面主要为土体层面和成土过程中形成的收缩裂隙;次生结构面为构造裂隙和土体表部在大气环境影响下因胀缩作用形成的裂隙,且呈规律性的展布。

在南阳盆地边缘和太行山山前地带,如潞王坟东侧等地段,断裂构造形迹发育。对于形成时间较早的"N_2老黏土",土体中局部有构造裂隙发育,但一般延伸不长、裂隙面光滑且多呈闭合状态。

当膨胀土体暴露在地表时,受大气的影响,可形成密集的网纹状裂隙带,其厚(深)度与大气环境影响深度密切相关。当条件合适时,还可能使原生的垂直裂隙向宽、深发展,使膨胀土体遭受更严重的破坏。

虽然大部分地段的膨胀土体为同一地质时期形成的堆积物,但由于与搬运和成土环境密切相关,土体往往呈层状发育。从野外观察,层面上下土体颜色差异不明显,上覆土层底界面附近土体颗粒组成相对较粗。上、下层面呈光滑的镜面,呈闭合状态,即使后期曾有沿层面错动迹象,也需仔细观察才能发现。

如果说膨胀土在成土过程中,由于温度、湿度和压密作用及胀缩效应引起的体积变化和土体内复杂的物理化学反应等引起的力学效应,是土体破裂而形成原生结构面的内在原因,那么,土体中形成的不均匀应力状态,则是产生原生结构面的主导因素。

原生结构面包括层理、层面、不整合面和原生裂隙等。现场调查发现,部分地段的膨胀土,土体中的层面清晰可见,且为非常光滑的擦镜面,尤其在以黏粒组成为主的"N_2老黏土"土体中,呈现的擦镜面尤为明显。擦镜面往往沿原始层面发育,这是在成土过程中土体胀缩应力作用下,向其块体收缩中心或者向相反方向反复蠕滑的结果,如图2-4所示。由于土体颗粒组成以细粒为主,黏粒含量达50%左右甚至更高,而运动过程又呈蠕滑状态,且上覆有一定荷重,所以形成了光滑的镜面型的层面,亦是膨胀土体的一个力学软弱结构面。在某些工程土体中,此类力学软弱结构面就控制了土体的力学强度和工程土体的稳定性。

不仅如此,膨胀土体分布有近垂直的裂隙。反映在平面上往往围绕盆地中心向边缘逐渐增多,裂隙规模也逐渐增大,呈不规则的近环状或近弧形展布。由于盆地面积很大,裂隙呈追踪式展布,因而裂隙的环形或近弧形的展布形态不易观察,所见多为直线形短大裂隙;在剖面上,裂隙与层面近于垂直。

原生裂隙是在成土过程中,土体内不均匀收缩应力作用下形成的。收缩应力是膨胀土在失水时土体内产生的应力,失水越多,应力强度越大。所以,应力自土层表部向深部是逐渐减小的。与此相对应,则形成了上宽下窄的收缩裂隙。这类裂隙基本上均充填有各种颜色的次生黏土,且颗粒组成以黏粒、胶粒为主,胀缩性较原生黏土更强。受多种因素影响,有些土层裂隙较发育,且裂隙的表部有次生充填,深部为张开裂隙,形成裂隙黏土层。

在层面蠕滑强烈的地段,与蠕滑方向呈近50°角形成了剪裂隙。这两组裂隙有时发育程度不一,但均呈光滑的裂面。相对发育的一组裂隙,在土体胀缩作用下,往往具有较大的张开度,后期又有较多的次生充填黏土,如图2-5所示。因而,这些剪切裂隙与近垂直裂隙,共同把土体切割成不同形态的破碎土体,进而形成了结构土体。在一些工程环境中,工程土体的强度就受控于土体的结构强度。

当裂隙黏土位于地下水位以下或地下水位变动带时,固结程度较好或超固结黏土土体的裂隙,受地下水径流和长时间的反复胀缩作用,使裂隙向深部加宽、加深,进而形成裂隙潜水含水层或上层滞水含水带,虽然水量不甚丰富,但却使膨胀土体形成软弱带。通过实地调查,膨胀土地区的部分民用井水就取自于此类含水层中。这类裂隙的加宽,应属于环境中的次生作用。

此外,一些地段的膨胀土长期处于地下水位以上的包气带中,膨胀土失水干燥,延伸较短的网纹状收缩裂隙发育,形成裂隙黏土体。当剥离膨胀土上覆土层时,暴露于空气中的膨胀土会迅速失水,表部很快形成网状裂隙土层,破坏了膨胀土的完整性。

综上所述,膨胀土体既有层面蠕滑裂隙,又有与层面近垂直的收缩裂隙。尽管表现形式迥然不同,但都是同一收缩应力场作用下的产物,两者是紧密相联的。当垂直裂隙切割到该土层的底界面(层面)时,在指向土体中心土层的收缩应力作用下,底部层面发生不同程度的蠕滑,或者近垂直裂隙处的层面部分产生蠕滑。反之,当垂直裂隙切割深度不大,尚没有到达土底层面时,土体层面附近仅仅是内应力(收缩应力)的积累,当应力环境发生改变时,层面会产生轻微的蠕滑。加之环境的次生作用形成裂隙扩张、延伸长度增大、空气影响带内网状裂隙的发育等因素的存在,导致膨胀土体不同于一般的土体,是遭受不同成因裂隙切割的结构体。这些独特的工程特性和结构特征,成为某些工程土体强度和稳定性的控制条件。所以,查明膨胀土体中裂隙特征和发育程度,是工程地质师应特别关注的重要问题。

2.6 膨胀土工程地质特性

南水北调中线工程沿线的膨胀土,一些地段是作为渠道地基,上覆填筑渠堤土;有些地段则为挖方渠道,构成渠道的边坡土体。此前,有关勘测设计单位做了大量工作,作者结合目前的调查研究成果,对膨胀土工程地质特性进行分析讨论。

2.6.1 膨胀土天然状态

2.6.1.1 含水率

含水率是表征膨胀土产生胀缩和引起强度变化特性的控制性参数,亦是影响渠道边坡土体稳定的重要因素之一。因此,对膨胀土天然含水率的研究,具有重要的工程意义。

膨胀土是对湿度变化极为敏感的特殊土体。大量的试验成果和工程实例表明,由膨胀土的胀缩特性而产生的工程问题,无一例外是由于含水率的变化而引起的。当膨胀土处于干燥环境时,土体的天然含水率较低,土体具有较高的膨胀潜势;反之,土体的膨胀潜势则较低。例如,黄河以北段蒋庄的棕黄色膨胀土,含水率为 13.8% 时,膨胀率高达 29.5%;而含水率上升到 27.4% 时,膨胀率仅为 5.1%。从一个侧面说明膨胀土的特性与含水率的增高或减少程度密切相关。

试验成果表明,南阳盆地膨胀土的天然含水率在 18.5%~33.3%,见表 2-13。在宏观上可以判断,其膨胀潜势应有较大的差异。但应该特别指出的是,当膨胀土的天然含水率很高或接近于饱和状态时,膨胀土具有较高的收缩潜势,这对于工程土体而言,无疑是一个重要的工程问题。

一般而言,膨胀土天然含水率的高低,与膨胀土的矿物组成、地下水埋藏条件和土体埋深以及气候条件等关系密切。前已述及,膨胀土主要由黏土矿物组成,而黏土矿物中尤以蒙脱石的亲水性最强。南阳盆地的灰白色黏土中蒙脱石含量高,分布地段的地下水位埋深较浅,故其天然含水率亦较高。在十八里岗冲洪积地段,灰白色黏土的天然含水率最高达 33%,使土体中破裂结构面上附着的黏土薄膜和裂隙中的次生灰白色黏土的天然含水率更高。通过对陶岔附近的裂隙滑带中 41 组样品的试验统计,天然含水率平均值达 38%,均高于塑限含水率。所以,当依据天然含水率的高低宏观判别其膨胀潜势时,要考虑其矿物组成和所处水文地质环境。

表 2-13　南阳盆地膨胀土物理试验成果统计

成因时代	岩性名称	含水率 $w(\%)$	天然密度 $\rho(\mathrm{g/cm^3})$	干密度 $\rho_d(\mathrm{g/cm^3})$	比重 G_s
风化泥灰岩 Q	灰白色黏土	$\dfrac{26.1}{20.2\sim33.0}$	$\dfrac{1.92}{1.81\sim2.07}$	$\dfrac{1.53}{1.38\sim1.74}$	$\dfrac{2.71}{2.70\sim2.77}$
河湖相 Q_3	灰褐色黏土	$\dfrac{24.5}{20.3\sim26.4}$	$\dfrac{1.98}{1.79\sim2.05}$	$\dfrac{1.59}{1.47\sim1.68}$	$\dfrac{2.70}{2.67\sim2.73}$
冲洪积 Q_2	棕黄色黏土	$\dfrac{24.2}{18.5\sim28.7}$	$\dfrac{1.98}{1.90\sim2.07}$	$\dfrac{1.60}{1.48\sim1.68}$	$\dfrac{2.72}{2.69\sim2.75}$
	灰白色黏土	$\dfrac{26.5}{20.4\sim33.3}$	$\dfrac{1.89}{1.88\sim1.90}$	$\dfrac{1.53}{1.40\sim1.64}$	$\dfrac{2.70}{2.68\sim2.73}$
洪积 Q_1	红色黏土	$\dfrac{24.9}{24.0\sim26.3}$	$\dfrac{1.91}{1.86\sim2.01}$	$\dfrac{1.51}{1.38\sim1.60}$	$\dfrac{2.71}{2.67\sim2.73}$
	灰白色黏土	$\dfrac{26.3}{23.0\sim30.0}$	$\dfrac{1.93}{1.89\sim2.01}$	$\dfrac{1.61}{0.56\sim1.63}$	$\dfrac{2.72}{2.70\sim2.74}$

成因时代	岩性名称	孔隙比 e	液限 $w_L(\%)$	塑限 $w_P(\%)$	塑性指数 I_P
风化泥灰岩 Q	灰白色黏土	$\dfrac{0.781}{0.569\sim0.964}$	$\dfrac{53.5}{49.1\sim60.2}$	$\dfrac{26.6}{20.0\sim34.4}$	$\dfrac{26.9}{19.7\sim32.8}$
河湖相 Q_3	灰褐色黏土	$\dfrac{0.716}{0.613\sim0.957}$	$\dfrac{43.1}{37.8\sim52.3}$	$\dfrac{20.7}{18.0\sim29.0}$	$\dfrac{22.4}{6.5\sim28.3}$
冲洪积 Q_2	棕黄色黏土	$\dfrac{0.691}{0.564\sim0.824}$	$\dfrac{44.1}{28.1\sim51.4}$	$\dfrac{21.9}{19.9\sim28.0}$	$\dfrac{22.2}{18.2\sim23.2}$
	灰白色黏土	$\dfrac{0.756}{0.630\sim0.936}$	$\dfrac{55.4}{45.2\sim75.0}$	$\dfrac{31.6}{23.3\sim45.3}$	$\dfrac{23.8}{21.9\sim29.7}$
洪积 Q_1	红色黏土	$\dfrac{0.746}{0.690\sim0.874}$	$\dfrac{46.4}{38.0\sim51.5}$	$\dfrac{26.5}{21.0\sim31.7}$	$\dfrac{19.9}{16.4\sim27.0}$
	灰白色黏土	$\dfrac{0.591}{0.570\sim0.690}$	$\dfrac{52.0}{40.3\sim59.1}$	$\dfrac{28.6}{26.1\sim32.4}$	$\dfrac{23.4}{15.5\sim21.4}$

注:表中数据表示为 $\dfrac{平均值}{范围值}$。

2.6.1.2　密度

膨胀土的密度,亦是宏观判别胀缩潜势的重要指标,在工程实践中,测定膨胀土的天然密度,具有重要的工程意义。

我们知道,在土的矿物组成和微结构相同的情况下,土体的天然干密度越大,表明土的孔隙率越小,天然含水率越低,其膨胀潜势就越大;反之,在相同的水文地质环境中,干密度越小,表明土的孔隙率越大,天然含水率就越高,其膨胀潜势越小,但其收缩潜势可能较大。由表 2-13 资料分析,南阳盆地膨胀土的天然干密度平均值为 $1.56\ \mathrm{g/cm^3}$,大多在 $1.51\sim1.61\ \mathrm{g/cm^3}$,故宏观判断其膨胀潜势还是较人的。

2.6.1.3　塑性

土体的塑性状态以土体的稠度来表征。稠度是土、水相互作用的特征值之一,与土体中亲水性矿物多寡、黏粒含量高低、土粒比表面积大小等有着密切的关系。

南阳盆地部分膨胀土,如表2-13中的棕黄色和灰白色黏土,其黏粒含量和亲水矿物含量高,土粒的比表面积大,无疑使土粒表面结合水的厚度增大,液限含水率增高。灰白色膨胀土的液限含水率一般达43.1%~53.5%;塑限含水率达20.7%~31.6%;塑性指数达19.9~26.9,平均值大于23.0。因此,此类黏土属于高塑性膨胀土,胀缩性强,其自由膨胀率和线胀总率随液限含水率的逐渐增大而增高。

2.6.1.4 压缩性

土体的压缩性,是指土体在外力作用下土体体积缩小的性质。一般用压缩系数或压缩模量来表征。

表2-13试验成果显示,南阳盆地膨胀土的孔隙比一般为0.591~0.781。这表明土体能够被压缩的体积空间不大,压缩系数较小,压缩模量相对较高。南阳盆地土体压缩性参数统计成果如表2-14所示,也说明了土体的固结程度相对较高。

表2-14　膨胀土压缩性参数统计

岩性名称	压缩系数 a_{1-2}(MPa^{-1})	室内压缩模量 E_s(MPa)	原位压缩模量 E_s(MPa)
灰白色黏土	0.35	6.45	9.70
棕黄色黏土	0.21	9.48	11.50
灰褐色黏土	0.22	8.03	14.80

在土体压缩过程中,每级荷载下都会引起原有土体微结构的破坏,使土粒间挤密或重新排列,且产生部分永久变形,这与一般土体的压缩变形过程是一致的。因为压缩(固结)试验是在有侧限的边界条件下进行,所以土体体积的改变仍是土体内微孔隙的减少或变小,与膨胀土体中的裂隙关系不大。因此,在选取和使用这些参数时,应充分考虑建筑物对地基土体的要求和建筑物安全运行对地质环境的要求。

2.6.2 膨胀土的胀缩性

由于膨胀土特有的矿物组成和微结构特征,使得水—土相互作用时,随着含水率的增加,水分子进入黏土片间并产生较大的内应力,表现出土体体积增大的现象称之为膨胀性,其所具有的内应力即谓之膨胀力。当土体内含水率减少,土体体积随之而缩小的现象即是常说的收缩性,体积收缩过程中土体内产生的应力,即谓之收缩应力。

受众多环境因素的影响,膨胀土由于自身含水率的不断变化而发生反复的胀缩过程,因此具有膨胀和收缩两种截然相反的变形效应,而且这种变形是可逆的,在一定的荷载作用下,胀缩性能仍然有所显示。

国内外膨胀土工程破坏的实例说明,膨胀土的胀缩效应是地基和边坡土体破坏的主要因素,从膨胀土的循环胀缩试验成果也得到佐证,如表2-15所示。因此,研究膨胀土在干湿循环环境中的胀缩效应和变化规律,具有重要的工程实际意义。

表 2-15 南阳盆地膨胀土循环胀缩性试验成果统计

取样地点		天然状态线胀率	循环试验状态下最大线胀率 e_s（%）			
		e_s（%）	第一循环	第二循环	第三循环	第四循环
靳岗	1	1.28	28.22	28.82	32.57	31.83
	2	1.70	29.81	39.01	36.37	31.74
	3	6.14	27.22	35.46	31.81	35.52
	4	0.87	21.70	28.44	30.06	30.42
大寨	1	0.68	38.67	39.69	38.44	34.56
	2	7.82	41.66	39.06	39.94	39.39
	3	2.89	23.80	37.69	33.62	36.82
	4	1.06	25.53	27.41	32.49	34.58
	5	5.22	22.72	36.81	39.73	32.03

由表 2-15 中成果可知,在循环试验中,两地膨胀土的胀缩特性变化规律是一致的:第一、二次循环膨胀量变化较大,土体膨胀率最大达 40% 左右,而且膨胀率的最终值可能较该值还要大;第三次以后的变量差值相对较小,并有趋于稳定的趋势。这就不难看出,在研究膨胀土工程性质时,首先应研究膨胀土的膨胀和收缩特性,即胀缩应力和胀缩量等特性指标,以便采用有效的地质工程措施,保证建筑物的安全运行。

据有关试验资料,南阳盆地膨胀土基本上均为中、强膨胀性土,主要胀缩性指标如表 2-16 所示。

表 2-16 南阳盆地膨胀土胀缩特性参数统计

岩性名称	含水率 w（%）	自由膨胀率 δ_{ef}（%）	最大膨胀量（mm）	膨胀力 P_e（kPa）	缩限 ω_s（%）	线缩率 e_s（%）	体缩率 δ_v（%）
灰白色黏土 I	22.8 / 19.0～31.5	95 / 70～158	9.4 / 26.4～4.8	219 / 789～56	9.3 / 7.0～10.0	5.8 / 8.3～3.9	18.2 / 25.5～12.8
棕黄色黏土 II	23.5 / 18.6～27.0	52 / 36～90	5.6 / 11.6～1.0	88 / 200～31	10.4 / 8.1～12.0	4.9 / 7.2～1.6	16.1 / 20.5～12.7
灰褐色黏土 III	23.3 / 22.0～31.3	46 / 33～77	3.2 / 7.8～0.8	32 / 90～17	12.1 / 11.4～13.7	2.9 / 4.2～0.7	14.2 / 16.0～12.0

注: 表中数据表示为 $\dfrac{平均值}{范围值}$。

表 2-16 中试验成果反映,I 类灰白色黏土的胀缩性最强,工程性质最差。若作为工程土体,应予以重视和重点研究。

从自由膨胀率看,三类土的自由膨胀率一般均大于 40% ,基本可划定为中、强膨胀性土。其中,I 类灰白色黏土自由膨胀率最低为 70% ,最高达 158% ,平均值达 95% ;II 类棕黄色黏土自由膨胀率平均值为 52% ,最高达到 90% 。该指标虽没有直接的实际工程意义,但在一定程度上能够反映土体黏土矿物颗粒组成和交换性阳离子成分等特征。

膨胀土的膨胀量,是宏观判别膨胀土膨胀性的一个重要指标,一般试验成果表述为有侧限无荷载条件下,线膨胀的增量与试件初始高度之比;或者是在有荷载条件下,线膨胀增量与试件初始高度之比。南阳盆地膨胀土在不同压力下的膨胀率如表 2-17 所示。

表 2-17　南阳盆地膨胀土不同压力下的膨胀率统计

序号	不同压力下的膨胀率(%)				
	0	25 kPa	50 kPa	100 kPa	150 kPa
1	2.80	0.78	0.42	0.28	0.15
2	2.32	0.74	0.39	0.26	0.08
3	2.48	0.75	0.40	0.26	0.11

从试验成果看,随着附加压力的增加,膨胀率呈逐渐减少的趋势。当压力达到 150 kPa 时,其膨胀率很小,个别试样膨胀率甚至趋近于 0。有压膨胀率的研究,对于仅承受压力荷载,如地形平坦地段建筑物的地基工程地质条件评价而言,具有重大的工程意义。对于其他工程地基而言,也不失为综合判别其胀缩性的重要特征参数。

我们知道,天然含水率的高低,直接影响到膨胀土的胀缩性强弱。试验成果显示,在不同含水率、不同压力下,膨胀土的膨胀性变化尤为显著,如表 2-18 所示。膨胀土随着天然含水率的增高,即使在无荷载情况下,膨胀率亦在逐渐减小;而在有荷载情况下,随着含水率的增高,膨胀率递减趋势非常明显。当压力达到 100 kPa 时,含水率在 26.4% 的样品,其膨胀率为负值,即产生了压缩变形。说明对于同一具有膨胀性的土体而言,含水率低时膨胀率增大,含水率高时膨胀率变小。

表 2-18　不同含水率、不同压力下膨胀土的膨胀率统计

序号	含水率(%)	不同压力下的膨胀率(%)				
		0	25 kPa	50 kPa	100 kPa	150 kPa
1	22.5	3.60	2.10	1.21	0.56	0.36
2	25.0	2.59	0.78	0.45	0.28	0.19
3	26.4	2.04	0.54	0.32	−0.25	−0.46

前已述及,膨胀土的膨胀力系土体吸水后土体膨胀时的内应力。膨胀力的大小,主要受土体含水率和密度的控制。图 2-6 说明了南阳盆地膨胀土的膨胀力与含水率和干密度的关系。

在南阳盆地中,当中更新统(Q_2)棕黄色黏土的含水率为 22.7%、干密度为 1.62 g/cm³ 时,膨胀力为 84 kPa;当含水率为 17.7%、干密度 1.69 g/cm³ 时,膨胀力则达到 246 kPa。灰白色黏土中,当含水率为 21.4%、干密度 1.62 g/cm³ 时,膨胀力为 168 kPa;含水率为 17.1%、干密度 1.74 g/cm³ 时,膨胀力高达 780 kPa。因此,可以概括地说,南阳盆地膨胀土当含水率小于 20%、干密度大于 1.65 g/cm³ 时,其膨胀潜势较大,膨胀力随含水率的增加而减小,收缩率随含水率的增加而增大。当然,影响膨胀力的因素还有矿物成分、结构等,在此不再赘述。

对于膨胀力和膨胀量的关系,大家是很清楚的,二者呈直线关系。膨胀力大,相应的膨胀率亦大;反之,膨胀率则小。但是,从地质工程加固措施和施工程序的选择与设计角

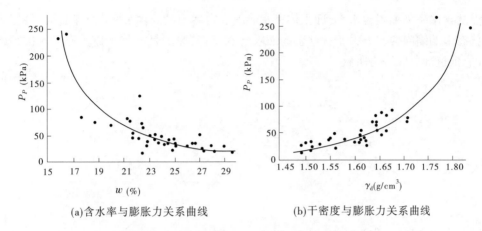

(a)含水率与膨胀力关系曲线　　　　　(b)干密度与膨胀力关系曲线

图2-6　膨胀土含水率、干密度与膨胀力关系曲线

度出发,对膨胀土吸水后膨胀速度的研究,更加具有重要的工程意义。

南阳盆地膨胀土的膨胀速度较快,多数试验试样品在加水后 30 min 即可达到膨胀量的80%左右,如图 2-7 所示。

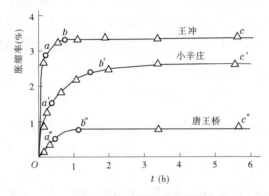

图2-7　膨胀土膨胀速度特征曲线

一般而言,在矿物组成、结构相同或相似的情况下,当起始含水率较低时,膨胀速度相对较快;反之,其膨胀速度相对较慢。图 2-7 显示膨胀土的膨胀过程大体可分为 Oa、ab、bc 三个阶段。Oa 曲线段斜率陡直,反映了膨胀速度很快,在极短的时间内即完成了绝大部分变形;ab 曲线段斜率开始变缓,说明膨胀土的膨胀变形开始变慢;bc 曲线段表示在 24 ~ 48 h 后,膨胀速度随着时间的延续不再增长,达到了一个相对稳定的水平。

工程实践经验表明,膨胀土胀缩变形破坏作用的发生,是工程活动引起土体含水率重新分布的结果。因此,我们查明膨胀土的膨胀速度,目的是最大限度地保持其原始状态不被破坏,有针对性地采取必要的地质工程措施和适宜的施工工艺。

前已述及,膨胀土在失水时土体收缩,使地基土体因收缩变形而产生破坏。衡量其收缩性强弱的重要指标,是收缩含水率和收缩量,这也是评价膨胀土体收缩破坏的重要指标。

收缩量是指土体失水后体积缩小的量值。在工程实践中,一般用体缩率或线缩率来表征。从图 2-8 的收缩曲线形态分析,亦可分为 ab、bc、cd 三个阶段,即 ab 段为等速收缩阶段,bc 段为减速收缩阶段,cd 段为稳定收缩阶段。稳定收缩直线与等速收缩直线延长线交点的含水率为缩限含水率,即土体失水收缩稳定后的最低含水率。一般而言,膨胀土天然状态下的缩限含水率大于扰动土的缩限含水率,其原因是原状土体具有一定的结构力,并能抵抗部分收缩力所致。

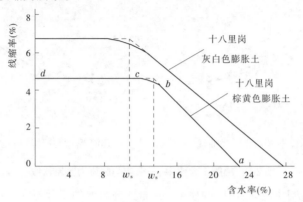

图 2-8   原状膨胀土收缩曲线

南阳盆地膨胀土的矿物组成和结构不同,其收缩性指标变化亦较大,小者仅有百分之几,大者可接近 20%。因此,应根据不同建筑物对地基的要求和建筑物运行特点,测定地基膨胀土体的收缩性特征值,以便更好地评价地基土体失水后的收缩效应,为采取必要的地质工程措施提供指导。

2.6.3   膨胀土胀缩性的不均一性

由于膨胀土的成土环境、物源有所不同,微裂隙发育程度、方向及产状特征也有所差异,同时在微观结构中,黏土颗粒或呈定向排列或随机排列,因此土体结构呈现各向异性,导致其胀缩性在不同方向上的差异。不同环境条件下的工程土体,有的以垂直变形为主,有的则是水平变形最大,甚至各方向变形量几近相等,充分表现出膨胀土胀缩变形的不均一性。

通过分析南阳盆地膨胀土胀缩变形试验成果,如表 2-19 所示,表明南阳盆地膨胀土的垂直变形量与水平变形量是有差异的,即水平向膨胀率基本上均大于垂直向的膨胀率,显示了胀缩性的各向异性。

表 2-19   膨胀土胀缩试验成果统计

岩性名称	取样地点	含水率 $w(\%)$	线缩率（%）			膨胀率（%）		
			竖向 e_{sL}	横向 e_{sd}	比值 e_s	竖向 v_{PL}	横向 v_{Pd}	比值 v_s
灰白色黏土	十八里岗	17.5	3.5	4.1	0.85	25.8	29.9	0.96
棕黄色黏土	构林	18.3	3.3	3.4	0.97	13.9	17.1	0.81
灰褐色黏土	朱营	18.3	1.7	1.7	1.0	13.4	14.8	0.91

胀缩性的各向异性,既有微观结构的各向异性,也包括宏观结构的各向异性。在微观结构中,我们知道黏土片有面—面相叠集体,对于此种叠集体,水分子沿黏土片断口空隙处浸入,在黏土片断口分布较多的方向上形成扩张,使土体产生膨胀力和膨胀量,而且

面—面间也有水分子入侵,也产生一定程度的扩张,即土体产生了较大的膨胀量。相反,在失水后,该方向上又将产生较大的收缩量。

在有裂隙发育或层理发育的膨胀土中,水最易沿裂隙或层面入渗,不仅使裂隙内充填的具有强膨胀性的次生黏土发生胀缩变形,而且也使裂隙面、层面两侧的膨胀土产生一定的胀缩效应。同时,水的浸入在某种程度上对微裂隙还有一定的劈裂作用,但与膨胀土的胀缩力相比,这种水的劈裂作用甚微,甚至可以忽略不计。因此,膨胀土体在垂直裂隙与层面的两个不同方向上,将产生程度不同的变形。不仅如此,在黏土矿物组成、含水率和初始应力状态相同的条件下,垂直结构面方向的变形量大,而平行结构面方向的变形量小,即水平向的变形量大于垂直向的变形量。

所以,在判别膨胀土工程土体强度时,要充分认识胀缩特性的各向异性。不仅需要查清结构面发育特征和规律,宏观判断其是否具有各向异性,还需要在微观结构上,分析产生各向异性的内在机理,针对工程土体破坏特征,采取有效的地质工程措施。

2.6.4 膨胀土的崩解性

崩解性是膨胀土浸水时发生的吸水湿化现象。影响膨胀土崩解性强弱的因素主要有矿物组成、微结构特征和胶结物性质及天然含水率等。

我们知道,土块浸水后,土块表面土颗粒首先吸附水分子,使土颗粒周边结合水膜迅速增厚,消弱了颗粒间的联结力。同时部分胶结物被水溶解,也破坏了颗粒间的结构联结,使颗粒崩落于水中。理想的崩解过程是土块逐层地崩落于水中,直至形成坍塌状态。但是,当土块内含有微裂隙时,水分子沿微裂隙浸入,崩解过程可能发生演变,首先是土块呈小碎块状崩落水中,然后是小碎块由外及内缓慢坍塌。

实践资料表明,膨胀土含有大量亲水性矿物,吸水后普遍具有较强的崩解性,而且崩解速度的快慢与含水率关系密切。一般情况下,含水率很低的烘干土样在水中的崩解速度很快,甚至在几分钟内即可完成全部的崩解过程。但在天然含水率状态下,土块的崩解速度相对缓慢,而且有含水率越高,崩解速度越慢的规律,如表2-20所示。一些文献资料也指出,在保持天然含水率的条件下,未经扰动的膨胀性泥岩,在水中可以长期维持其稳定的天然性态而不发生崩解破坏。

表2-20 膨胀土崩解试验成果统计

类型	岩性名称	含水率 (%)	崩解量 (%)	崩解时间 (min)	崩解形式
I	灰白色黏土	34.3	37.5	2 880	雪花状坠落
II	棕黄色黏土	24.5	15.8	1 035	碎块留在网上
		19.5	62.1	105	碎块留在网上
III	灰褐色黏土	20.3	28.0	540	碎块留在网上

2.6.5 膨胀土工程地质特性

膨胀土体多为微裂隙、裂隙发育的土体,且分布具有一定的随机性。由于膨胀土富含亲水性黏土矿物,水土作用会引起力学性质发生强烈变化。因此,膨胀土的强度,除受裂隙等不连续结构面控制外,还受着环境变化的影响。基于以上认识,研究膨胀土的强度特性和取值原则,尤其对膨胀土渠道边坡土体的研究,具有很大的实际工程意义。

2.6.5.1 膨胀土的应力—应变特性

研究膨胀土的应力—应变特性及其变化特征,不仅是研究膨胀土力学强度的重要基础工作,同时也是分析判断膨胀土体破坏形式、确定不同条件下工程土体力学强度的重要依据。

同一类膨胀土因裂隙密度、产状和性状等的差异,对膨胀土组成的工程土体的力学强度有着极大的影响,反映在应力—应变关系上是复杂的。图2-9反映了南阳盆地棕黄色、灰白色膨胀土应力—应变特征。

图2-9的应力—应变曲线形态比较复杂,但反映了不同膨胀土力学特征的内在规律。如

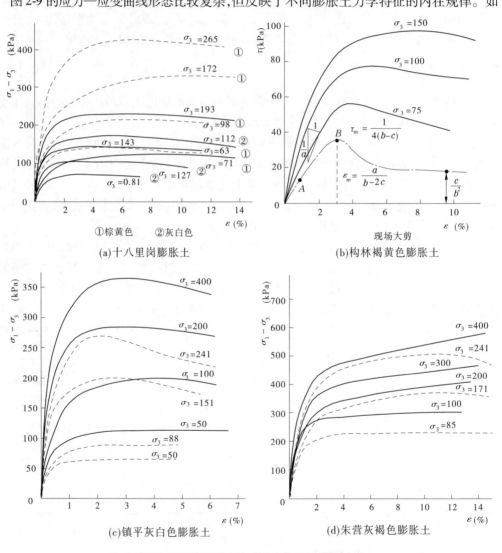

注:实线表示饱和固结不排水剪;虚线表示饱和固结排水剪。

图2-9 膨胀土应力—应变特征曲线

果我们仅考虑膨胀土土块本身的强度,而不考虑裂隙对土体强度的影响,图 2-9(a)、(b)表现有固结和软化两个阶段:当应力($\sigma_1 - \sigma_3$)差超过峰值后,曲线开始下降,直至达到土体的残余强度;图 2-9(c)、(d)与一般小土块破坏——塑性破坏形式基本相同,仅是 σ_3 值大小不同而使曲线形态发生的变化。所以我们说这种应力—应变曲线及二者的关系是复杂的。

常规的三轴压缩和现场大型剪切试验,不易模拟不同建筑物对地基强度的适应性要求,加之其属于各向异性材料,需要建立多个数学模型才有可能模拟建筑物与地基土体相互作用时的应力—应变特征,实现这样的目的是很困难的。所以,数学模型仅可用来分析、研究膨胀土块的强度和破坏过程,对于土体及其与建筑物相互作用时的应力—应变特征,还需进行深入细致的分析研究。

2.6.5.2 膨胀土的抗剪强度

从图 2-9 应力—应变曲线看,南阳盆地膨胀土为塑性材料,其强度由土颗粒间摩擦力和结合水强度来控制,即通常我们说的内聚力。

由于膨胀土的黏粒含量高,多含有亲水性强的蒙脱石矿物,土颗粒本身结构复杂,膨胀土与水作用后可产生复杂的物理化学反应。所以,与普通黏性土相比,膨胀土强度特性的规律性较差而且比较复杂。加之膨胀土成土后,在外部营力影响下发生的反复胀缩效应,使土体强度的变化程度更趋明显,变化关系更趋复杂。因此,采用何种试验与评价方法,才能真实反映膨胀土的力学强度,为地质工程措施设计提供依据,这对我们研究膨胀土的工程地质特性是至关重要的。

现就表 2-21 南阳盆地膨胀土不同力学试验方法成果,分析讨论膨胀土的试验方法和评价原则。

表 2-21　膨胀土不同试验方法力学成果统计

试验指标		灰白色膨胀土	棕黄色膨胀土	灰褐色膨胀土
含水率 w（%）		$\dfrac{24.7}{22.5 \sim 28.1}$	$\dfrac{23.3}{24.7 \sim 27.0}$	$\dfrac{23.0}{20.3 \sim 25.3}$
干密度 ρ_d（g/cm³）		$\dfrac{1.58}{1.48 \sim 1.63}$	$\dfrac{1.61}{1.53 \sim 1.68}$	$\dfrac{1.60}{1.52 \sim 1.65}$
室内直剪	c（kPa）	$\dfrac{33}{25 \sim 38}$	$\dfrac{51}{44 \sim 64}$	$\dfrac{44}{35 \sim 51}$
	$\tan\varphi$	$\dfrac{0.32}{0.27 \sim 0.35}$	$\dfrac{0.40}{0.35 \sim 0.43}$	$\dfrac{0.41}{0.33 \sim 0.46}$
现场大剪	c（kPa）	$\dfrac{17}{10 \sim 20}$	$\dfrac{23}{16 \sim 42}$	$\dfrac{31}{28 \sim 39}$
	$\tan\varphi$	$\dfrac{0.26}{0.20 \sim 0.30}$	$\dfrac{0.33}{0.30 \sim 0.52}$	$\dfrac{0.37}{0.32 \sim 0.44}$
三轴剪	c（kPa）	$\dfrac{27}{8 \sim 31}$	$\dfrac{31}{18 \sim 45}$	$\dfrac{35}{28 \sim 41}$
	$\tan\varphi$	$\dfrac{0.30}{0.26 \sim 0.33}$	$\dfrac{0.32}{0.25 \sim 0.47}$	$\dfrac{0.35}{0.26 \sim 0.40}$

注:表中数字表示为 $\dfrac{平均值}{范围值}$。

对于同一类膨胀土而言,室内抗剪试验成果一般高出现场大型抗剪试验成果 20% 左右。同时,由于膨胀土的物质组成和微结构特征的复杂性,室内试验值的离散性较大,尺寸效应一般不太明显。这些都是膨胀土强度参数取值时应注意的特征条件。

据现场调查,南阳盆地膨胀土体结构面,大体可分为裂隙面、层面和构造裂隙面三种类型。层面乃是沉积间断面;裂隙面是由于成土过程中压力和内应力的差异所致;构造裂隙面是在第三系土体中由构造应力形成,且贯穿性较好、规模相对较大,后期还充填有次生膨胀性更强的软黏土。

对于结构面,现场测定的抗剪强度(峰值)如表 2-22 所示。

表 2-22　膨胀土结构面抗剪强度试验成果统计

取样地点	含水率 $w(\%)$	裂隙面		层间软弱面		错动面	
		$c(kPa)$	$\tan\varphi$	$c(kPa)$	$\tan\varphi$	$c(kPa)$	$\tan\varphi$
构林(1)	26.3	13	0.30	14*	0.23*	13	0.19
陶岔	30.0	18	0.28	16	0.20	7	0.17
构林(2)	29.3	18	0.28	16*	0.20*	7	0.17

注:* 表示软弱层厚 1.5 cm。

通过调查并结合试验成果分析,各种结构面均为土体应力的集中分布区域。当裂隙两侧土体含水率很高时,裂隙面的强度与土体的残余强度相差不大。部分裂隙面强度较高,主要是由于裂隙贯通性稍差或起伏差较大所致。当裂隙面比较光滑时,在一定的外力和内应力作用下,首先沿光滑面破坏,其强度最低。这类构造裂隙面应属于最弱的结构面,其摩擦角强度 <0.19。在评价边坡土体稳定性时,应特别注意此类软弱结构面对边坡土体的切割情况,并且作为控制性结构面。这样分析评价边坡土体的稳定性会更符合实际情况。

膨胀土作为渠道边坡土体,随着时间的延续,土体裂隙(包括微裂隙)和土块的逐渐软化,使土体强度不断降低,边坡土体的稳定性随之变差,这即是膨胀土强度的时间效应。

有研究者采用三轴慢剪成果,作为膨胀土抗剪强度参数使用,见表 2-23。我们认为,依照三轴慢剪成果对裂隙不发育的膨胀土强度进行评价是可行的,但同时要考虑到不同建筑物的基础形式及其对地基土体的要求。

表 2-23　膨胀土三轴慢剪试验成果统计

土的类别	取样地点	含水率 $w(\%)$	干密度 $\rho_d(g/cm^3)$	凝聚力 $c'(kPa)$	摩擦系数 $\tan\varphi$
Ⅰ	谢家沟	22.5	1.59	25	0.33
	镇平	26.4	1.54	8	0.30
	十八里铺	28.1	1.52	3	0.33
Ⅱ	构林	27.0	1.53	18	0.35
	十八里岗	22.0	1.64	17	0.43
	圣怀楞	20.7	1.68	26	0.46
Ⅲ	朱营	22.0	1.62	9	0.52
	盆窑	20.0	1.62	27	0.46
	梁庄	20.3	1.60	27	0.45

通过对剪后试样的观察描述,三轴试验多为剪切破坏形式,即沿着裂隙面发生剪切破坏,同时经过对裂隙面上下土体进行的膨胀性试验,胀缩性较轻。这说明裂隙强度比土体强度低,但随着围压 σ_3 的增大,此现象有减弱的趋势。

图 2-10 表示了几种典型膨胀土三轴慢剪的有效强度。图中强度包线的形态,在很大程度上呈非线性关系。这进一步说明了膨胀土裂隙发育的随机性和结构特性的不同,导致膨胀土强度具有各向异性。

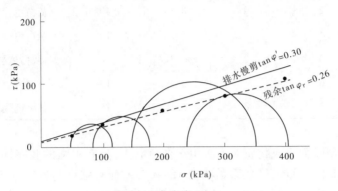

(a)镇平灰白色膨胀土

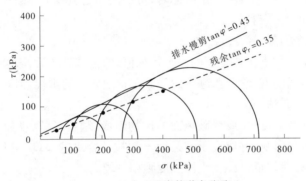

(b)十八里岗棕黄色膨胀土

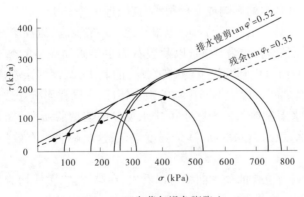

(c)宋营灰褐色膨胀土

图 2-10　饱和固结排水剪强度包线

有关勘测单位对南阳盆地渠道滑坡体,按毕肖普(A. W. Bshop)法,对滑动面强度进行了反演计算,其成果如表2-24所示。

表2-24　反演计算滑动面力学强度成果

工程名称	统计滑坡数（个）	反算强度		坡高（m）	滑动面性状
		$c(kPa)$	$tan\varphi$		
引丹总干渠	2	4	0.18	40	灰白色软弱层面、平直
刁南灌渠	4	2	0.30	10	灰白色裂隙面、略起伏
红旗渠	4	2	0.32	5	灰白色裂隙面、起伏
陡坡灌渠	6	3	0.39	10	棕黄色裂隙面、起伏
淅川	2	8	0.18	15	灰白色软弱层面、平直

表中反映的滑动面组成物质多为次生灰白色黏土,具有很强的胀缩性和很低的力学强度,凝聚力仅有2~4 kPa,摩擦系数为0.18~0.39,而且强度与次生黏土厚度成反比,即滑动面上灰白色黏土越厚,滑动面的强度越低。这些数据虽不能完全代表膨胀土体的强度特征,但在评价边坡土体强度或稳定状态时,可作为确定边坡土体破坏的边界条件和软弱结构面力学强度的参考资料。

2.6.5.3　膨胀土的残余强度

残余强度是在特定条件下土体强度的一个特征值,即土体破坏后,破裂面仍然具有的强度。研究土体或结构面的残余强度,越来越受到工程地质师的重视,但对该值的选取和应用,也有不同的观点和看法。

土体或结构面的残余强度,主要受破裂面的矿物组成、颗粒形状、黏粒含量和水的离子成分及其湿度等因素的影响,并取决于破裂面土颗粒结合水的厚度。当土颗粒周围结合水较厚时,土体强度相对较低;反之,土体强度则相对较高。

如果破裂面颗粒组成相对较粗,颗粒间结合水很少,此时的强度变化主要体现在摩擦系数大小的变化上,对凝聚力的影响或变化很小,甚至近乎等于0。

膨胀土的矿物成分,对残余强度的影响也很敏感。一般而言,以高岭石为主要矿物成分的黏土,摩擦残余强度最高,约为0.54;以蒙脱石为主要矿物成分的黏土,其摩擦残余强度最低,仅约为0.20;而以伊利石为主要矿物成分的黏土,摩擦残余强度约为0.24,介于高岭石和蒙脱石二者之间。说明不同矿物的亲水特性,也同样影响着残余强度的高低。

表2-25反映的是南阳盆地各类膨胀土由排水反复剪切试验所获得的残余强度。I类灰白色强膨胀土干密度小、含水率高、残余强度最低,这与膨胀土有效强度和峰值强度特征是一致的。

由图2-11剪应力与剪位移的关系曲线可以看出,在第一、二次剪切时,峰值强度特征相对明显;第三次剪切时,峰值强度就不太明显,并趋向一稳定的直线。这表明在剪裂面开始破坏时,剪裂面上的水相对较多,除颗粒间的摩阻力外,尚有一定量的结合水存在,并且表现出一定的强度。

表 2-25　膨胀土反复剪切(排水)残余强度统计

岩性名称	取样地点	含水率 $w(\%)$	干密度 $\rho_d(g/cm^3)$	凝聚力 $c'(kPa)$	摩擦系数 $\tan\varphi$
Ⅰ类 灰白色 强膨胀土	海云寺	25.7	1.56	15	0.14
	十八里铺	27.8	1.50	5	0.16
	镇平	25.2	1.58	13	0.25
Ⅱ类 棕黄色 中膨胀土	十八里岗	17.7	1.72	15	0.34
	圣怀楞	20.7	1.68	0	0.30
	构林	25.8	1.55	15*	0.28*
	海云寺	31.5	1.36	12	0.24
Ⅲ类 灰褐色 弱膨胀土	朱营	21.7	1.63	19	0.35
	庄子	22.0	1.60	24	0.32
	郭庄	23.9	1.60	14	0.34

注：* 为 18 组残余强度的平均值。

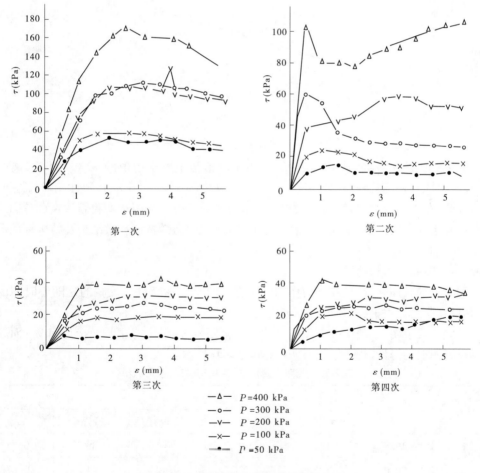

图 2-11　剪应力与位移关系曲线

当反复剪切后,剪裂面及其附近土颗粒表面较多的结合水已经排出,仅有少量强结合水,相对于较厚(宽)的剪裂面而言,结合水强度的反应微弱,主要由土颗粒间的摩擦力构成破裂面的残余强度。

但应值得注意的是,当垂直应力大于200 kPa时,仍可见到较明显的峰值强度。这种现象的产生可能有如下的情况:

(1)产生了新的剪切破裂面;

(2)土颗粒微结构强度较高,并在剪切面重新排列;

(3)破裂面有相对较粗颗粒分布;

(4)粗颗粒的形状有助于提高强度;

(5)剪切面附近自由水或毛细水大幅减少,结合水或强结合水的强度发挥了作用。

土的峰值强度与残余强度如图2-12所示,表达的是同一地段、同一类型膨胀土,在同一试验条件下,峰值强度与残余强度对比关系。

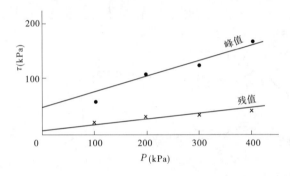

图2-12 抗剪强度与垂直应力关系

通过对比发现,残余强度的凝聚力相当于峰值强度凝聚力值的10%~80%,离散性大,故规律性较差;而摩擦残余强度相当于峰值强度的50%~80%,规律性相对较好。

因此,在工程应用中,如何选取和使用这类参数显得尤为困难。我们认为在考虑建筑物对地基土要求的同时,全面分析膨胀土的物理性状、力学特性和微结构及结构特征等是非常必要的。

2.6.5.4 膨胀土的长期强度

膨胀土的长期强度,是在外力作用下具有的流动变形特性。反映的是随着时间的延长,在反复胀缩作用下,其强度有一定程度的降低。

试验成果说明,一般情况下摩擦系数降低幅度显著,最大降幅甚至接近50%;而凝聚力则没有明显的降低,规律性不甚明显,如表2-26所示。

表2-26 膨胀土膨胀前、后抗剪试验成果对比

序号	含水率 $w(\%)$	干密度 $\rho_d(g/cm^3)$	膨胀前		膨胀后	
			$c(kPa)$	$\tan\varphi$	$c(kPa)$	$\tan\varphi$
1	19.8	1.68	40	0.42	36	0.26
2	20.0	1.67	22	0.40	44	0.27

分析表 2-26 中资料后认为,膨胀后强度之所以降低,除与天然含水率密切相关外,还受剪切面黏土矿物组成、颗粒大小与形状、水的化学成分及土体微结构特征等的制约,即受着多种微观和宏观因素的影响。

如果膨胀土裸露于地表,在大气环境影响下,经吸水膨胀、失水收缩反复的胀缩作用下,其强度无疑会不断降低。图 2-13 表示了为研究膨胀土体在反复胀缩条件下强度的变化规律,对构林棕黄色膨胀土进行的室内和原位反复胀缩力学效应试验取得的成果。

试验采取饱水 24 h、失水 96 h 的循环周期,然后测定其强度。从强度测定成果分析,前二次循环其强度降低幅度均在 20% 左右;第三次循环后,膨胀土的强度降低幅度明显减小,基本趋于常值。这一方面说明天然条件下膨胀土的反复胀缩作用,对膨胀土强度影响显著;另一方面则说明,这仍然是在特定模拟条件下的强度衰减趋势,并不能完全代表长期反复胀缩条件下土体强度的衰减值。这是我们在针对建筑物对地基的要求和建筑物运行特点取值时,应特别注意的问题。

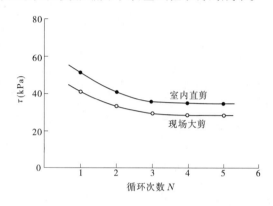

图 2-13　膨胀土强度与反复胀缩关系曲线

反复胀缩作用对土体强度的影响是显著的。但在同样条件下,土体遭受反复荷载作用后,由于土体被不断地压缩、挤密,强度又有所恢复或提高。但若剪切应力较大时,其强度还是呈降低的趋势,这一现象已被许多研究者所证实。因此,应辨证地看待胀缩和加荷对强度的影响。

图 2-14 反映了黏土长期强度中剪切应变速率与剪应力的关系。当剪应力 τ 由小到大,直至试验样本破坏时,其变形过程可依次分为蠕动变形阶段、等速流动变形阶段(应力值相当于屈服值)和不等速塑性流动变形阶段(应力值大于屈服值)。同时我们知道,不同类型的膨胀土,表现出的流变特性强弱是有差异的,也就是土体强度时间效应的不同。

同样,通过对表 2-27 朱营褐黑色黏土的长期流变强度的分析,也说明了膨胀土流变特性的一般规律和个体差异。

应该说明的是,所有试验包括流动变形试验,是在模拟自然边界条件下所进行的,同时考虑到各种自然条件的不可完全复制性,往往在试验中设定了一些假设或者是前提条件。有鉴于此,南阳盆地膨胀土具有不同程度的流变特性,我们在取值时,应充分考虑膨胀土特性和建筑物允许的流动变形量。无论何种类型的建筑物,地基土体强度参数不宜取其土体结构破坏的强度值,以等速流动变形阶段的强度取值也是不安全的,按照起始流变强度作为地质建议值较为适宜。

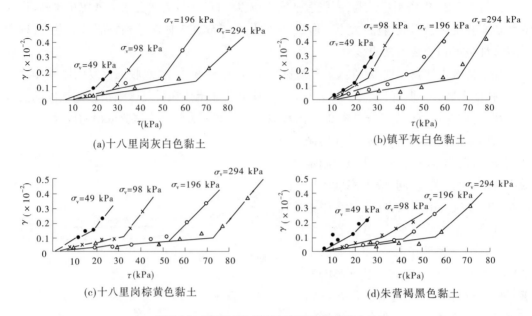

(a)十八里岗灰白色黏土

(b)镇平灰白色黏土

(c)十八里岗棕黄色黏土

(d)朱营褐黑色黏土

图 2-14　流变试验剪切应变速率与剪应力关系

表 2-27　膨胀土的长期流变强度统计

岩性名称	取样地点	含水率 $w(\%)$	干密度 ρ_d (g/cm^3)	垂直荷载 Σv (kPa)	长期强度 f_3 (kPa)	破坏强度 τ_f (kPa)	以 f_3、σ_1 所得强度参数		以 τ_f、σ_1 所得强度参数		$\dfrac{\varphi_{f1}}{\varphi_{f2}}$ $(\%)$
							$c(kPa)$	$\varphi_{f1}(°)$	$c(kPa)$	$\varphi_{f2}(°)$	
灰白色黏土	镇平	31.1	1.51	49	20	24	8	12.0	10	14.1	85
		29.4	1.52	98	26	33					
		29.8	1.51	196	49	61					
		28.5	1.58	294	68	79					
灰白色黏土	十八里岗	32.3	1.50	49	19	28	10	11.5	15	13.3	86
		28.1	1.58	98	26	35					
		32.7	1.47	196	50	60					
		35.7	1.43	294	66	80					
棕黄色黏土	十八里岗	26.8	1.59	49	20	22	10	12.5	15	15.0	83
		25.5	1.62	98	32	41					
		25.3	1.64	196	53	71					
		23.5	1.66	294	72	89					
褐黑色黏土	朱营	25.9	1.62	49	19	25	13	9.0	25	10.6	85
		25.5	1.61	98	33	46					
		25.3	1.62	196	42	56					
		24.7	1.62	294	56	72					

注:f_3 为屈服强度,τ_f 为破坏强度。

　　膨胀土各项物理力学等指标参数列于表 2-28 ~ 表 2-30,供参考。

表 2-28　陶岔至沙河南膨胀土试验成果统计

桩号	地层时代	岩性名称	无侧限抗压强度 q_u		自由膨胀率 δ_{ef}（%）
			原状土（kPa）	重塑土（kPa）	
TS121 + 400 ~ TS142 + 500	Q_2	粉质黏土	$\dfrac{102.61 \sim 294.89}{198.75(24)}$	$\dfrac{143.40 \sim 185.72}{164.56(9)}$	$\dfrac{47.78 \sim 71.18}{59.48(54)}$
		黏土	$\dfrac{135.68 \sim 337.14}{236.41(32)}$	$\dfrac{210.69 \sim 352.45}{281.57(7)}$	$\dfrac{60.55 \sim 85.67}{73.11(61)}$
	N	黏土岩	$\dfrac{132.97 \sim 542.23}{337.60(40)}$	$297(1)$	$\dfrac{40.68 \sim 103.32}{72.00(3)}$
TS142 + 500 ~ TS156 + 500	Q_2	黏土	246.00		$\dfrac{79.29 \sim 86.37}{82.33(3)}$

桩号	地层时代	岩性名称	P_{50}膨胀率 δ_{e50}（%）	膨胀力 P_c（kPa）	无荷膨胀率（%）
TS121 + 400 ~ TS142 + 500	Q_2	粉质黏土	$\dfrac{0.83 \sim 0.79}{0.82(38)}$	$\dfrac{2.00 \sim 57.60}{29.80(51)}$	$\dfrac{0.25 \sim 12.45}{6.35(38)}$
		黏土	$\dfrac{-0.38 \sim 1.98}{0.80(51)}$	$\dfrac{28.50 \sim 136.40}{82.42(58)}$	$\dfrac{7.99 \sim 20.98}{14.49(51)}$
	N	黏土岩	$\dfrac{-0.35 \sim 1.37}{0.51(2)}$	$\dfrac{-0.04 \sim 134.3}{67.13(3)}$	$\dfrac{1.79 \sim 15.55}{8.67(3)}$
TS142 + 500 ~ TS156 + 500	Q_2	黏土	$\dfrac{-0.43 \sim 3.73}{1.65(3)}$	$\dfrac{34.98 \sim 180.02}{107.50(3)}$	$\dfrac{9.97 \sim 155.01}{19.07(3)}$

注：表中数字表示：$\dfrac{\text{范围值}}{\text{平均值（组数）}}$。

表 2-29　陶岔至沙河南膨胀土胀缩性试验成果统计

桩号	地层时代	岩性名称	各级压力膨胀率 δ_{cp}（%）				
			0	25 kPa	50 kPa	100 kPa	150 kPa
TS121 + 400 ~ TS142 + 500	Q_2	粉质黏土	$\dfrac{0.0 \sim 2.67}{0.72(25)}$	$\dfrac{-2.20 \sim 0.28}{-0.96(26)}$	$\dfrac{-2.40 \sim -0.12}{-1.26(28)}$	$\dfrac{-2.74 \sim 0.70}{-1.72(26)}$	$\dfrac{-2.80 \sim -0.74}{-1.77(2)}$
		黏土	$\dfrac{0.26 \sim 7.70}{3.98(8)}$	$\dfrac{-1.12 \sim 2.36}{0.62(8)}$	$\dfrac{-13.2 \sim 1.20}{-0.06(10)}$	$\dfrac{-2.23 \sim 0.21}{0.1(6)}$	$\dfrac{-2.18 \sim -0.2}{-1.19(7)}$
	N	黏土岩			$0.96(1)$		

桩号	地层时代	岩性名称	线缩率		体缩率 δ_v（%）	收缩系数 λ_s（%）	缩限 ω_s（%）
			竖向 δ_{sv}（%）	横向 δ_{sr}（%）			
TS121 + 400 ~ TS142 + 500	Q_2	粉质黏土	$\dfrac{-2.81 \sim -0.09}{-0.19(25)}$	$\dfrac{2.33 \sim 6.59}{4.46(39)}$	$\dfrac{2.92 \sim 5.78}{4.35(39)}$	$\dfrac{8.95 \sim 17.67}{13.31(39)}$	$\dfrac{0.18 \sim 0.40}{0.29(37)}$
		黏土	$\dfrac{3.95 \sim 7.65}{5.80(53)}$	$\dfrac{4.61 \sim 7.3}{5.98(52)}$	$\dfrac{13.41 \sim 21.69}{17.55(50)}$	$\dfrac{0.32 \sim 0.50}{0.41(52)}$	$\dfrac{9.19 \sim 11.85}{10.52(52)}$
	N	黏土岩	$\dfrac{0.05 \sim 5.75}{2.90(3)}$	$\dfrac{2.09 \sim 6.29}{4.19(3)}$	$\dfrac{6.04 \sim 19.90}{12.97(3)}$	$\dfrac{0.28 \sim 0.36}{0.32(3)}$	$\dfrac{8.53 \sim 9.73}{9.13(3)}$

注：表中数字表示：$\dfrac{\text{范围值}}{\text{平均值（组数）}}$。

表 2-30　陶岔至沙河南膨胀土胀缩性试验成果统计

桩号	地层时代	岩性名称	缩限 ω_s (%)	体缩率 δ_v (%)	横向线缩率 e_{sd} (%)	收缩系数 λ_s	有荷膨胀 δ_e (%)	膨胀力 P_c (kPa)	自由膨胀率 δ_{ef} (%)	胀缩总率 E_s (%)
TS4+234 ~ TS14+596	Q₃	粉质黏土	11.70~14.50 / 13.01(6)	16.22~19.25 / 17.75(5)	5.857~7.042 / 6.474(5)	0.36~0.496 / 0.431(6)	0.053~0.15 / 0.096(3)	22.80~39.45 / 29.06(6)	45.83~55.83 / 51.66(6)	5.83~8.68 / 7.14(6)
	Q₂	粉质黏土	10.97~13.52 / 12.34(10)	11.99~18.22 / 14.86(10)	6.04~6.44 / 5.148(10)	0.359~0.509 / 0.462(10)	0.305~0.760 / 0.530(9)	35.83~105.65 / 61.71(10)	54.55~67.90 / 58.80(10)	7.592~17.812 / 10.925(10)
		黏土	11.21~12.91 / 12.23(11)	13.89~22.20 / 18.10(12)	4.854~8.004 / 6.449(12)	0.419~0.557 / 0.489(12)	0.0717~0.436 / 0.303(6)	52.56~124.26 / 81.82(11)	64.12~93.12 / 71.25(12)	11.59~16.49 / 13.59(10)
	Q₁	黏土	10.38~11.23 / 10.66(5)	15.58~20.61 / 17.776(5)	5.586~7.431 / 6.420(5)	0.388~0.484 / 0.443(5)		37.52~96.47 / 59.34(5)	74.70~82.70 / 78.40(5)	7.38~10.82 / 9.46(5)
TS15+088 ~ TS29+624	Q₂	粉质黏土	6.76~12.66 / 9.519(31)	10.06~19.12 / 13.91(28)	3.16~6.64 / 5.33(10)	0.285~0.478 / 0.385(25)	0.302~1.426 / 0.584(15)	23.09~114.89 / 46.09(29)	45.35~72.60 / 55.20(34)	4.135~10.15 / 6.990(20)
		黏土	10.17~11.67 / 10.85(9)	13.09~20.10 / 16.86(10)	4.44~6.927 / 5.81(8)	0.356~0.551 / 0.428(8)	0.912~1.872 / 1.475(6)	57.56~193.68 / 114.87(11)	60.61~77.61 / 69.22(11)	7.39~15.99 / 10.57(8)
		重粉质壤土		15.72~16.81 / 16.33(3)				15.09~34.71 / 23.52(3)		6.386~8.341 / 7.10(3)
TS39+754 ~ TS47+054	Q₂	粉质黏土	7.44~12.39 / 10.68(25)	11.73~22.49 / 17.04(25)	4.32~8.24 / 6.19(18)	0.427~0.589 / 0.504(17)	0.112~0.332 / 0.185(12)	16.23~71.75 / 32.20(26)	57.71~77.17 / 67.35(27)	7.398~14.41 / 10.31(17)
		黏土	12.51~13.16 / 12.82(3)	14.82~16.63 / 15.81(3)	5.23~5.76 / 5.55(3)		0.0536~0.401 / 0.373(3)	41.16~111.26 / 81.325(4)		7.71~9.79 / 8.71(3)
TS156+162 ~ TS164+962	Q₂	黏土	12.9~14.3 / 13.6(3)	14.7~23.7 / 19.2(3)	4.2~6.9 / 5.58(3)	0.48~0.50 / 0.49(3)		27.3~52.7 / 39.85(2)	69.36~92.22 / 80.79(7)	11.14

续表 2-30

桩号	地层时代	岩性名称	缩限 ω_s (%)	体缩率 δ_v (%)	横向线缩率 e_{sd} (%)	收缩系数 λ_s	有荷膨胀 δ_e (%)	膨胀力 P_c (kPa)	自由膨胀率 δ_{ef} (%)	胀缩总率 E_s (%)
TS164+952 ~ TS177+262	Q₃	粉质黏土	9.03~15.69 / 12.36(7)	5.3~18.1 / 11.7(7)	2.15~5.09 / 3.62(7)	0.18~0.42 / 0.3(7)			40.26~60.39 / 50.32(20)	
	Q₂	粉质黏土	9.3~10.7 / 10.0(2)	13.7~19.8 / 16.75(2)	2.6~6.7 / 4.65(2)	0.27~0.50 / 0.385(2)		0~144 / 72(2)	40.0~58.4 / 49.2(13)	14.8
		黏土	9.9~12.9 / 11.4(11)	12.3~20.9 / 16.6(11)	3.2~6.8 / 5.0(11)	0.3~0.7 / 0.5(11)		0~493 / 187(9)	70~106 / 88(15)	12.6~18.6 / 15.6(4)
	N	黏土岩	10.4~12 / 11.2(4)	7.3~20.3 / 13.8(10)	1.24~4.84 / 3.04(10)	0.36~0.32 / 0.44(4)		88~250 / 170(7)	52~108 / 80(11)	
TS177+262 ~ TS182+C19	Q₃	粉质黏土	10~16.6 / 13.3(8)	13.5~18.7 / 16.1(8)	2.2~5.4 / 3.8(8)	0.23~0.41 / 0.32(8)		6.05~77.3 / 41.7(3)	44.76~54.44 / 49.6(10)	5.17~8.45 / 7.58(4)
	Q₂	黏土	10.50	17.7	6.96	0.36		35.7	60	10.35
	N	黏土岩	7.55~11.27 / 9.41(7)	6~22.6 / 14.3(7)	1.81~7.89 / 4.85(7)	0.2~0.48 / 0.34(7)		39.5~124.1 / 81.8(8)	62~106 / 84(8)	9.8~18.2 / 14.0(5)
TS182+C19 ~ TS197+662	Q₃	粉质黏土	9.1~16.4 / 12.3(5)	12.8~17.0 / 14.8(5)	2.67~5.79 / 4.23(5)	0.21~0.45 / 0.33(4)	1.0~4.4 / 2.7(4)	21.5~24.5 / 23.0(2)	42.11~51.8 / 46.95(11)	8.2
		粉质黏土	10.82~14.95 / 12.89(10)	2.87~11.55 / 7.21(10)	0.51~3.61 / 2.06(9)	0.99~0.48 / 0.79(10)	0~6.21 / 2.75(9)	1.22~22.89 / 12.06(9)	41.4~54.2 / 47.8(17)	1.83~5.63 / 3.73(4)
	Q₂	黏土	9.2~9.6 / 9.4(2)	11.2~19.6 / 15.4(2)	2.81~3.84 / 3.33(2)	0.23~0.42 / 0.33(2)	3.65~3.66 / 3.66(2)	21.4~34.5 / 27.95(2)	53.5~67.5 / 60.5(2)	6.46~7.50 / 6.98(2)
	N	黏土岩	8.3~12.1 / 10.2(7)	0~47.9 / 22.9(11)	1.4~6.4 / 3.9(11)	0~2.21 / 0.95(7)	6.7~20.1 / 13.4(11)	73~185 / 129.9(9)	58.97~86.43 / 72.7(15)	13.7~29.3 / 21.5(50)

续表 2-30

桩号	地层时代	岩性名称	缩限 ω_s (%)	体缩率 δ_v (%)	横向线缩率 e_{sd} (%)	收缩系数 λ_s	有荷膨胀 δ_e (%)	膨胀力 P_c (kPa)	自由膨胀率 δ_{ef} (%)	胀缩总率 E_s (%)
TS197+662 ~ TS207+112	Q₃	粉质黏土	15.8		1.69	0.23			$\dfrac{40.5\sim44.56}{42.5(5)}$	
	Q₂	粉质黏土	15.8		1.69	0.23	0.36	1.0	$\dfrac{42.16\sim54.84}{48.5(17)}$	3.05
TS207+112 ~ TS212+262	N	黏土岩	$\dfrac{9.02\sim12.14}{10.58(19)}$	$\dfrac{8.41\sim22.49}{15.45(23)}$	$\dfrac{1.93\sim7.15}{4.54(18)}$	$\dfrac{0.31\sim0.69}{0.5(18)}$	$\dfrac{2.98\sim14.9}{8.94(21)}$	$\dfrac{0\sim245}{114(21)}$	$\dfrac{56.23\sim80.02}{68.13(30)}$	$\dfrac{7.1\sim19.16}{13.13(16)}$
	N	黏土岩	$\dfrac{7.7\sim13.7}{10.7(3)}$	$\dfrac{6.9\sim13.3}{10.1(10)}$	$\dfrac{1.6\sim4.1}{2.85(10)}$	$\dfrac{0.23\sim0.35}{0.29(3)}$	$\dfrac{7.12\sim24.02}{15.57(12)}$	$\dfrac{2\sim356}{179(12)}$	$\dfrac{56\sim76.0}{66.0(13)}$	$\dfrac{9.52\sim18.69}{14.11(3)}$
TS212+262 ~ TS216+674	Q₂	粉质黏土	11.9	14.4	4.27	0.44	33	$\dfrac{5.73\sim17.73}{11.73(3)}$	$\dfrac{45\sim65}{55(9)}$	
	N	黏土岩	$\dfrac{5.8\sim14.6}{10.2(7)}$	$\dfrac{14.4\sim18.2}{16.3(13)}$	$\dfrac{3.97\sim6.41}{5.19(13)}$	$\dfrac{0.34\sim0.68}{0.51(6)}$	$\dfrac{1.62\sim21.02}{11.32(14)}$	$\dfrac{0\sim333}{152(12)}$	$\dfrac{57\sim87}{72(16)}$	$\dfrac{7.9\sim31.3}{19.6(6)}$
TS216+674 ~ TS221+962	Q₂	粉质黏土	12.0	18.0	5.96	0.47	13.9	$\dfrac{12.5\sim65.9}{39.2(2)}$	$\dfrac{43\sim55}{49(13)}$	19.86
	Q₂	黏土	$\dfrac{11.7\sim12.0}{11.85(2)}$	$\dfrac{18.0\sim18.4}{18.2(2)}$	$\dfrac{5.96\sim6.18}{6.07(2)}$	$\dfrac{0.45\sim0.46}{0.455(2)}$	$\dfrac{14.0\sim14.5}{14.25(2)}$	$\dfrac{66.0\sim76.9}{71.35(2)}$	$\dfrac{70.5\sim79.0}{74.7(5)}$	20.68
TS221+962 ~ TS232+045	N	黏土岩	$\dfrac{8.0\sim14.2}{11.1(2)}$	$\dfrac{9.44\sim18.68}{14.06(7)}$	$\dfrac{2.41\sim6.47}{4.44(7)}$	$\dfrac{0.58\sim0.63}{0.605(7)}$	$\dfrac{3.22\sim19.74}{11.48(7)}$	$\dfrac{37\sim355}{196(6)}$	$\dfrac{41.88\sim79.94}{60.9(11)}$	8.28
	Q₃	粉质黏土	$\dfrac{10.1\sim11.46}{10.78(4)}$	$\dfrac{7\sim19}{13(4)}$	$\dfrac{2.07\sim4.63}{3.35(4)}$	$\dfrac{0\sim1.06}{0.5(4)}$	$\dfrac{0.64\sim1.96}{1.3(4)}$		$\dfrac{36\sim48}{42(24)}$	3.3

注：表中数字表示：$\dfrac{范围值}{平均值（组数）}$。

· 98 ·

2.7 膨胀土试验与研究

前面我们分析讨论了膨胀土的矿物组成、胀缩特性和力学强度等性质。就为所获取各类参数所进行的试验而言,我们认为这些试验方法和成果,与一般黏性土无显著的区别。

一般来讲,膨胀土体本身的力学强度与一般土体相比都较高,即使残余强度或长期强度也是如此。当以试验值的小值计算渠道边坡稳定性时,即使按1:2的坡比,其计算结果基本上也是稳定性的。但是,根据南阳盆地现有膨胀土渠道边坡稳定性来看,这种试验方法和参数选取原则是否合理适用,是值得商榷的。

南阳盆地陶岔渠在建设过程中,2 km长度内先后发生了13处滑坡,其中8处沿层面滑动。陶岔渠首闸下游1.1 km处,在渠坡已缓至1:4的情况下,2006年4月发生了较大规模的滑坡。经勘察,滑坡体顺渠道方向长约350 m,垂直渠道方向130 m,面积约35 000 m²,滑坡体积达 40×10^4 m³;滑坡体后缘拉裂壁高4~6 m,前缘在渠底反翘剪出,滑动面埋深3~10 m,中间最大埋深19 m;滑动面在 N/Q_1 黏土层层面之间形成,如图2-15(a)~(c)所示。

(a)刁南灌渠渠道滑坡全景图

(b)滑坡体沿渠道方向解体形成拉张宽大裂隙

(c)滑坡体后缘拉陷区

图2-15 膨胀土体滑坡影像图((d)~(j)引自阳云华)

(d)弱Ⅳ区右岸人工降雨30 h 滑坡　　　　　　(e)中Ⅳ区滑坡后缘垂直裂隙

(f)中Ⅳ区滑坡滑动面　　　　　　　　(g)中Ⅵ区下游滑坡滑动面

(h)中Ⅵ区上游滑坡滑动面

(i)中Ⅵ区下游滑坡底滑面　　　　　　　(j)中Ⅶ区下游滑坡

续图2-15

为探求降雨对膨胀土体含水量及渠道边坡稳定性的影响,有关部门于 2009 年 4 月,在南阳盆地进行了大气环境影响模拟试验工作。降雨模拟试验将重点研究膨胀土渠坡大气环境影响带的形成过程、膨胀土胀缩特性形成机理和发展过程、浅层滑坡的产生机理及破坏模式,以解决南水北调中线工程膨胀土渠道处理的重大技术难题,寻找出安全可靠、经济合理、环境友好的工程处理措施、方法,为膨胀土体渠坡加固处理提供设计依据。模拟降雨试验选择在弱膨胀土Ⅳ区和中膨胀土Ⅶ区两个裸坡试验区进行。按照降雨 2.5 mm/h、5 mm/h 和 8 mm/h,分别模拟弱降雨、暴雨和特大暴雨三种降雨形式反复进行。

　　模拟降水试验过程中,在弱膨胀土Ⅳ区、中膨胀土Ⅶ等区发生了多次规模不等的滑坡,如图 2-15(d) ~ (j)所示。表明膨胀土体一旦有成土(岩)过程中的裂隙发育,裂隙对边坡土体稳定性则起着控制作用。

　　这些频繁发生的滑坡,致使后续渠道边坡比原设计不同程度的放缓,甚至超过 1:4。这些工程实例与我们目前的一些试验研究成果产生了矛盾,也就是说失去了理论对实践的指导作用,所有这些应该如何解释呢?

　　目前,铁路、交通和水利等科研设计部门,从膨胀土的矿物组成与水的作用机理、物质组成与膨胀势的关系等方面,从不同角度进行了深入细致的研究,在理论和实践上都获得了一定的进展。但是,因为膨胀土固有的胀缩特性引起的工程问题仍时有发生。这一方面说明我们对膨胀土特殊的工程特性,还缺乏更深入的认识;对膨胀土在工程环境下的变形破坏机理,还有待进行更深入的研究。另一方面,在理论与实践相结合的环节上,还缺乏创新和突破。我们既不能怀疑理论研究的正确方向,也要避免对其成果进行机械的生搬套用。因此,不仅对膨胀土进行全面的理论研究是必要的,选择有针对性的理论分析方法,对不同地区、不同成因类型和不同结构构造特征的膨胀土进行工程地质分类,更加具有现实的工程意义。

2.7.1　膨胀势判别理论和方法

　　关于膨胀土膨胀势的判别,目前国际上大多采用 Williams(1980)提出的判别方法。该方法以胶粒含量和塑性指数为横、纵坐标,在活性为 2.0 ~ 0.5 范围内作图,划分出剧、强、中、弱膨胀势。有关文献资料多有介绍,在此不再赘述。

　　Seed 等提出了用黏粒含量判断膨胀势的方法:

$$S = 3.6 \times 10^{-5} \cdot A^{2.44} \cdot C^{3.44} \tag{2-2}$$

式中　S——膨胀势;

　　　A——活性;

　　　C——黏粒含量(%)。

　　根据计算结果,将膨胀势划分为四级:

$S > 25\%$　　　　　剧

$S = 25\% \sim 5\%$　　　强

$S = 5\% \sim 1.5\%$　　中

$S = 1.5\% \sim 0\%$　　弱

此外,Seed 等还建立了适用于膨胀土中黏粒含量 8% ~ 65%的膨胀势与塑性指数的关系式：

$$S = 60k(I_p)^{2.44} \qquad (2-3)$$

式中　S——膨胀势；

　　　k——3.6×10^{-5} 系数；

　　　I_p——塑性指数。

针对膨胀势的判别，F. H. Chen(1988)认为，可用塑性指数表达膨胀土的膨胀势，即

$I_p > 35$　　　　剧

$I_p = 35 \sim 20$　　强

$I_p = 20 \sim 10$　　中

$I_p = 10 \sim 0$　　　弱

并且根据321个原状样试验成果建立了膨胀势与塑性指数间的关系式：

$$S = B_e^{A(I_p)} \qquad (2-4)$$

式中　S——膨胀势；

　　　A——0.083 8 系数；

　　　B_e——0.255 8 系数。

该式适用于含水率15%～20%、干密度为1.60～1.76 g/cm³ 的膨胀土。

为了增加膨胀势判别的可靠性和科学性，曲永新等通过多年的研究和实践，采用宏观双指标法，提出了膨胀势四级分类方案，如表2-31所示。同时采用Seed、Chen计算方法对南水北调中线工程膨胀土进行了膨胀势的判别，判别结果对比如表2-32所示。

表2-31　膨胀势分类方案

指标	指标类型	膨胀势分级			
		弱	中	强	剧
宏观指标	塑性指数 I_p	< 17	$17 \leqslant I_p < 23$	$23 \leqslant I_p < 33$	$\geqslant 33$
	自由膨胀率 $\delta_{ef}(\%)$	< 40	$40 \leqslant \delta_{ef} < 60$	$60 \leqslant \delta_{ef} < 85$	$\geqslant 85$
微观指标	有效蒙皂(脱)石含量 $M(\%)$	< 12	$12 \leqslant M < 22$	$22 \leqslant M < 30$	$\geqslant 30$
	比表面积 $S(\text{m}^2/\text{g})$	< 110	$110 \leqslant S < 210$	$210 \leqslant S < 280$	$\geqslant 280$

注：原文中"剧"标准为"＞"，"≥"系作者添加。

曲永新等还对膨胀土的蒙皂(脱)石含量与自由膨胀率、塑性指数、黏粒含量、胶粒含量的关系及与Seed和Chen计算的膨胀势的关系等进行了分析和研究，后二者计算的膨胀势结果是一致的。而蒙皂(脱)石的含量与膨胀势各指标之间的关系，分别是线性、对数和指数关系，表明黏土的矿物成分是影响膨胀势强弱的主要因素。

毛尚元对非饱和膨胀土的土—水特征曲线做了深入研究，认为在干旱、半干旱地区，土体中含水率的变化往往会引起各种地质环境和环境地质问题。因为非饱和膨胀土的工程特性，不仅取决于土的物质组成、结构和应力状态，还与土体的吸力密切相关。他采用渗析和轴平移两种技术方法，对取得的成果进行了对比分析，以及分析应力及吸力历史等因素对土—水特征曲线的影响，依此来判断土体体积、孔隙和土体结构的变化情况。此技术方法应该说属于宏观研究的范畴。

表 2-32　南水北调中线工程膨胀土膨胀势判别结果对比

序号	膨胀势参量						膨胀势计算结果			膨胀势判别结果					
	<0.002 mm 胶粒含量 (%)	自由膨胀率 δ_{ef} (%)	液限 w_L (%)	塑限 w_P (%)	塑性指数 I_P	活性 A	Seed 公式 1	Seed 公式 2	Chen 公式 3	塑性指数法	自由膨胀率法	比表面积法	染色法蒙皂石含量	XRD蒙皂石含量	Seed 公式 1
1	51.6	80	56.24	24.65	31.59	0.61	12.851 9	9.848 1	3.610 6	强	强	剧	强	强	剧
2	25.5	45	47.2	22.89	24.31	0.92	7.206 1	5.197 1	1.961 7	强	中	强	中	中	强
3	29.08	55	47.51	19.84	27.67	0.95	5.518 8	7.127 8	2.599 6	强	中	强	强	中	剧
4	47.4	95	56.63	24.3	32.33	0.68	9.185 8	10.420 5	3.841 6	强	剧	剧	强	强	剧
5	45.2	85	55.83	23.39	32.44	0.72	9.531 5	10.507 2	3.877 1	强	强	强	强	强	剧
6	40.56	73	49.07	21.5	27.59	0.68	6.586 4	7.077 6	2.582 3	强	强	中	强	中	剧
7	47.96	88	55.07	22.86	32.21	0.67	11.572 6	10.326 4	3.803 1	强	剧	剧	剧	剧	剧
8	40.88	63	46.67	18.53	28.14	0.69	10.063	7.426 8	2.704 1	强	强	强	强	强	剧
9	41.88	84	48.62	22.43	26.19	0.63	6.762 5	6.233 15	2.296 4	剧	剧	剧	剧	强	剧
10	57.48	98	65.47	25.22	40.25	0.7	24.007 8	17.786 1	7.460 2	剧	剧	剧	剧	剧	剧
11	44.04	87	50.87	22.35	28.52	0.65	8.228 1	7.763 9	2.791 6	强	剧	剧	剧	剧	剧
12	60.68	138	68.58	28.96	39.62	0.65	23.973 0	17.114 5	7.076 6	剧	剧	剧	剧	剧	剧
13	16.6	35	28.15	20.08	8.07	0.49	0.233 6	0.352 5	0.503 0	弱	弱	弱	弱	弱	强
14	18.56	35	34.39	21.2	13.19	0.71	1.005 2	1.169 0	0.772 5	弱	弱	弱	弱	弱	强
15	29.76	47	39.04	21.1	17.94	0.6	1.619 6	2.476 1	1.150 2	中	中	中	中	中	强
16	42.72	80	47.58	21.12	26.46	0.62	5.471 6	6.391 0	2.348 9	强	强	强	强	强	剧
17	53.12	124	59.33	24.65	34.68	0.65	14.970 8	12.366 4	4.677 7	剧	剧	剧	剧	剧	剧
18	59.52	128	64.58	25.97	38.61	0.65	20.918 0	16.069 4	6.502 3	剧	剧	剧	剧	剧	剧
19	45.04	102	52.16	20.43	31.73	0.69	9.980 7	9.954 9	3.653 2	强	剧	剧	中	中	剧

续表 2-32

序号	膨胀势参量						膨胀势计算结果			膨胀势判别结果					
	<0.002 mm 胶粒含量 (%)	自由膨胀率 δ_{ef} (%)	液限 w_L (%)	塑限 w_P (%)	塑性指数 I_P	活性 A	Seed 公式1	Seed 公式2	Chen 公式3	塑性指数法	自由膨胀率法	比表面积法	染色法蒙皂石含量	XRD蒙皂石含量	Seed 公式1
20	28.76	65	42.69	15.77	26.92	0.94	7.939 8	6.665 5	2.441 3	强	强	强	剧	弱	剧
21	48.16	126	61.34	24.68	36.66	0.76	13.347 5	14.160 6	5.522 0	剧	剧	剧	剧	剧	剧
22	51	120	65.83	26.68	39.55	0.78	21.852 4	17.040 8	7.035 2	剧	剧	剧	剧	剧	剧
23	43.12	87	50.38	22.12	28.26	0.66	6.832 4	7.504 3	2.731 4	强	剧	剧	剧	中	剧
24	41.56	88	52.57	23.41	29.16	0.7	7.379 8	8.100 9	2.945 4	强	剧	剧	剧	强	剧
25	48.48	105	61.81	22.54	39.27	0.81	19.310 1	16.747 9	6.872 0	剧	剧	剧	剧	剧	剧
26	37.72	80	58.03	23.77	34.26	0.91	10.591 7	12.004 2	4.516 0	剧	剧	剧	剧	剧	剧
27	38.96	93	59.37	23.52	38.85	1	17.246 4	16.314 2	6.634 4	剧	剧	剧	剧	剧	剧
28	50.36	115	65.97	26.41	39.56	0.79	20.489 3	17.051 3	7.041 1	剧	剧	剧	剧	中	剧
29	33.84	40	40	20.84	19.16	0.57	3.204 0	2.907 3	1.274 1	中	中	中	弱	剧	强
30	51.08	98	63.06	20.61	42.45	0.81	25.793 5	20.252 3	8.970 5	剧	剧	剧	强	弱	剧
31	27	41	40.39	20.63	19.76	0.73	1.636 0	3.134 5	1.339 8	中	中	中	中	强	强
32	42.72	75	50.08	20.92	29.16	0.68	6.227 2	8.100 9	2.945 4	强	强	强	强	中	强
33	44.72	85	50.58	21.88	28.7	0.64	6.588 3	7.792 6	2.834 0	强	强	强	强	强	强
34	51.68	64	49.27	24.42	24.85	0.48	4.727 9	5.483 4	2.052 5	强	强	强	强	强	强
35	50.52	83	56.73	29.37	27.36	0.54	6.783 6	6.934 5	2.533 0	强	强	强	剧	中	剧
36	41.16	60	57.17	22	35.17	0.85	9.818 7	12.797 1	4.873 8	强	中	中	中	弱	强
37	39.2	53	46.21	22.52	23.69	0.6	3.881 2	4.879 6	1.862 3	强	强	强	中	弱	剧
38	45.12	70	54.03	23.02	31.01	0.69	10.717 3	9.412 7	3.439 3	强	强	强	强	弱	剧

续表 2-32

序号	膨胀势参量						膨胀势计算结果			膨胀势判别结果					
	<0.002 mm 胶粒含量 (%)	自由膨胀率 δ_{ef} (%)	液限 w_L (%)	塑限 w_P (%)	塑性指数 I_P	活性 A	Seed 公式 1	Seed 公式 2	Chen 公式 3	塑性指数法	自由膨胀率法	比表面积法	染色法蒙皂石含量	XRD 蒙皂石含量	Seed 公式 1
39	46.72	70	54.43	23.15	31.28	0.67	9.948 1	9.614 0	3.518 0	强	强	强	强	中	剧
40	46.8	68	50.72	21.08	29.64	0.63	7.688 4	8.430 1	3.066 3	强	强	强	中	强	剧
41	40.28	50	47.32	22	25.34	0.63	4.117 8	5.750 9	2.138 5	强	中	中	中	中	剧
42	44.36	107	73.79	28.71	45.08	1.02	26.119 1	23.451 7	11.182	剧	剧	剧	剧	剧	剧
43	43.64	78	49.74	21.4	28.34	0.65	6.484 59	7.556 3	2.749 8	强	强	强	中	中	剧
44	36.16	53	44.16	22.2	21.96	0.61	4.135 0	4.055 4	1.611 0	中	中	中	中	中	强
45	32.52	45	40.89	22.24	18.65	0.57	1.742 5	2.722 1	1.220 8	中	中	中	中	中	强
46	22.48	45					0	0	0.255 8	弱	中	中	弱	弱	剧
47	36.48	69	45.8	21.25	24.55	0.67	3.860 8	5.323 2	2.001 5	强	强	强	中	中	剧
48	38.64	85	51.69	20.81	30.88	0.8	7.831 1	9.316 7	3.402 0	强	强	强	强	强	剧
49	43	84	51.88	20.09	31.79	0.74	9.059 7	10.000 9	3.671 6	强	强	剧	中	中	剧
50	51	98	63.81	27.22	36.59	0.72	14.823 2	14.094 7	5.489 7	剧	剧	剧	强	强	剧
51	50.52	90	59.12	27.54	31.58	0.63	9.671 5	9.840 5	3.607 6	强	剧	剧	强	剧	剧
52	57.64	115	58.46	27.17	31.29	0.54	11.830 9	9.621 5	3.520 9	强	剧	剧	剧	剧	剧
53	35.68	45	44.04	21.48	22.56	0.63	3.616 0	4.331 1	1.694 1	中	剧	中	中	中	强
54	30.56	44	40.1	18.91	21.19	0.69	2.744 0	3.717 7	1.510 3	中	中	中	弱	弱	强
55	35.48	45	45.39	20.99	24.4	0.69	4.359 3	5.244 2	1.976 5	强	中	中	中	弱	强
56	33.08	44	42.22	20.03	22.19	0.67	2.679 6	4.159 8	1.642 4	中	中	中	弱	弱	强

注:序号 1~28 为邯郸—永年地区膨胀土;29~56 为南阳地区及钟祥、平顶山和襄樊地区膨胀土。

在国家标准《膨胀土地区建筑技术规程》（GBJ 112—87）中,推荐的评价膨胀土的特性指标主要有:

(1)自由膨胀率。即人工制备的烘干土样,在水中增加的体积与原始体积之比:

$$\delta_{ef} = \frac{V_w - V_0}{V_0} \tag{2-5}$$

式中　δ_{ef}——自由膨胀率(%);

　　　V_w——土样在水中膨胀稳定后的体积,cm^3;

　　　V_0——土样原始体积,cm^3。

(2)膨胀率。即在一定压力下,浸水膨胀稳定后试样增加的高度与原始高度之比:

$$\delta_{ep} = \frac{h_w - h_0}{h_0} \tag{2-6}$$

式中　δ_{ep}——膨胀率(%);

　　　h_w——土样浸水稳定后的高度,cm;

　　　h_0——土样原始高度,cm。

(3)收缩系数。即原状土样在直线收缩阶段,含水率减少1%时的竖向线缩率:

$$\lambda_s = \frac{\Delta\delta_s}{\Delta w} \tag{2-7}$$

式中　λ_s——收缩系数(%);

　　　$\Delta\delta_s$——收缩过程中与两点含水率之差对应竖向线缩率之差(%);

　　　Δw——收缩过程中直线变化阶段两点含水率之差(%)。

(4)膨胀力。即原状土样在体积不变时,由于浸水膨胀产生的最大内应力(kPa)。

在《膨胀土地区建筑技术规程》(GBJ 112—87)中,虽然推荐了自由膨胀率、膨胀率等4个测定膨胀土胀缩性的指标,但对膨胀潜势的分类,依然采用了单指标分类方法,如表2-33所示,而且目前在工业与民用建筑、道路交通等部门,基本上均采用此分类方法。

表2-33　膨胀土膨胀潜势分类

自由膨胀率(%)	膨胀潜势
$40 \leq \delta_{ef} < 65$	弱
$65 \leq \delta_{ef} < 90$	中
$\delta_{ef} \geq 90$	强

综上所述,对膨胀土膨胀潜势的分类,依据单一指标进行分类评价的较多。根据曲永新对膨胀土样品的试验成果,我们对南水北调中线工程南阳盆地、黄河以北膨胀土用表2-32计算方法得到的膨胀土的膨胀潜势,比《膨胀土地区建筑技术规程》(GBJ 112—87)分类方法高一级;曲永新建议的分类方法(见表2-31)则介于两者之间。究其原因,可能是由于蒙脱石含量和检测方法不同所致。

通过以上分析,在水利工程中对膨胀土膨胀潜势的分类,不宜采用单一指标,应在多种测试方法和数据的基础上,充分考虑膨胀潜势的多个影响因素,进行综合分析和评价,如曲永新推荐的分类方法,尽量减少试验假设条件和人为因素对试验成果的影响,使膨胀潜势分类更接近实际情况。

2.7.2 膨胀土体剪切强度计算

作为土环境下的建筑物地基,引发工程地质问题的原因一般有两个,一个是因为沉降或不均匀沉降过大引起;另一个则是由于土体的剪切强度破坏而发生的。对于渠道工程,后者发生的概率更大,所产生的后果要严重得多,例如边坡的坍塌和滑坡,建筑物地基失稳使建筑物变形或倾倒等。

我们知道,土体的一部分相对于另一部分发生了位移,这个过程就是剪切破坏,土体抵抗这种剪切破坏的能力就称之为抗剪强度。在库仑定律中,对构成黏性土抗剪强度的摩擦力和凝聚力两个部分做了表述:抗剪强度系由与正应力 σ 成正比的摩擦力 $\tan\varphi$ 和凝聚力 c 组成,其表达式为 $\tau_f = \sigma \tan\varphi + c$。

朗肯研究了半无限土体中任意点的应力状态,推导出了主动或被动极限平衡状态时的土压力强度。其中,黏性土被动土压力

$$\sigma_P = \gamma h \tan^2(45° + \varphi/2) + 2c \tan^2(45° + \varphi/2) \tag{2-8}$$

式中 γ——土体自重,kN/m^3,地下水位以下取有效重度;

  h——计算点处距土面的深度,m;

  c——黏聚力,kPa;

  φ——摩擦角(°)。

黄志全等对南阳盆地膨胀土作了现场抗剪试验。通过试验成果分析,对朗肯被动土压力公式作了如下修改:

$$P_{max} = \gamma h^2 \tan^2(45° + A\varphi/2)/2 + 2c \tan(45° + A\varphi/2) \tag{2-9}$$

式中 A——修正系数,通过作图法确定 $A = 1.5$,则式(2-9)则变为:

$$P_{max} = \gamma h^2 \tan^2(45° + 0.75\varphi)/2 + 2c \tan(45° + 0.75\varphi) \tag{2-10}$$

并且利用下式求得凝聚力值:

$$c = (P_{max} - P_{min})\cos\alpha/BL \tag{2-11}$$

式中 P_{max}——大型剪切试验推力峰值,kN;

  P_{min}——大型剪切试验推力稳定值,kN;

  α——修正后的滑动面与水平面夹角(°);

  B——土样宽度,m;

  L——滑动面长度,m。

将式(2-11)代入式(2-10),即可求出试验土体的凝聚力和摩擦系数,并以此计算边坡的稳定性。一般情况下,计算的凝聚力为 2.4 ~ 3.7;相应的摩擦系数为 0.311 ~ 0.342。其中,摩擦系数值基本相当于按试验值的 75% 取值。《水利水电工程地质勘察规范》(GB 50287—99)规定,一般土体摩擦系数标准值,采用室内饱和固结快剪试验值的 90% 取值。因此,两者比较,式(2-10)中的摩擦系数,略低于规范规定的取值要求。

2.8 膨胀土土体结构特征研究

从研究工程土体角度来讲,研究膨胀土的微结构特征、矿物组成及土水作用机理等是

不可或缺的一项重要工作。但是,由于膨胀土体成土环境、物理化学作用的差异,造成了土体结构非常复杂且不易查清;有时因其强烈的胀缩特性,往往掩盖了土体强度的结构效应而不被关注。所以我们说,仅仅对膨胀土的微结构特征、矿物组成及土水作用机理等的研究是不够的,对于工程土体,研究其结构特征显得更为重要。因为工程土体是土的内在固有特性在外部营力影响下的表现形式和结果,控制着膨胀土体的地质属性和工程特性。

从有关文献资料看,周瑞光和曲永新在研究膨胀土的物理性质、胀缩特性和强度特性基础上,进一步研究了膨胀土工程性质的环境效应。他们通过实际调查分析认为:"南阳盆地上第三系硬黏土层中裂隙的发育程度有很大差异,如三趾马红土中裂隙极少,且往往以高角度裂隙为主;褐黄色硬黏土虽然裂隙发育程度有所增强,但分布频度仍很低;相比之下,灰绿色硬黏土中裂隙的频度明显增加,且以低角度剪切裂隙为主。较大埋深时,裂隙常呈闭合状态。"这进一步说明了膨胀土体的裂隙条件对工程土体胀缩特性起着明显的控制作用,极易危及工程土体的安全。

南水北调中线工程膨胀土,均为第三纪碱性环境下湖盆堆积的固结程度较好或超固结状态黏性土,分布较广,如图2-16所示。区别只是埋深不同而已。

图例: ———— 南水北调中线工程 [[[[[[上第三系硬黏土分布区

图 2-16　南水北调中线工程上第三系硬黏土分布示意图

我们知道,在膨胀土黏土矿物中,含有较多的钙蒙脱石矿物,并且对水非常敏感,水土作用使土体具有较强的胀缩特性。

上第三系超固结黏性土,其物源是山区风化物质由水力搬运堆积于湖区,因而土体一般呈饱水状态,体积扩大到了极至。在地表振荡性下降过程中,由于某些时段湖水减小甚至干枯,堆积于湖盆内的土体又急剧失水收缩。在收缩应力作用下,土体产生近垂直方向和与水平方向呈近50°角分布的收缩裂隙。

与此同时,新近堆积的上部土体在收缩应力作用下,沿土体的底界面向收缩应力中心方向滑动或蠕滑,使土层底界面遭受到不同程度的滑动破坏,在部分上第三系和下更新统超固结黏土土体中,形成了原生裂隙结构面,土体下伏层面成为经过剪切破坏的层面。

值得注意的是,局部地段或在下更新统冲洪积棕黄色黏土土体中,由于沉积厚度大,局部尚未形成切层裂隙,垂直方向上仅在土体顶面发育有深度不大的收缩裂隙,但与层面交角近50°的裂隙还较发育。从工程土体角度看,基本可视为一个较完整的土层,但能否按完整的土体对待,可根据工程的具体要求而定。

太行山前坳陷带和南阳盆地的边缘地带,地质历史时期构造活动比较强烈。由于上第三系黏土成土时间相对较早,因而在一些构造活动性较强的地段,黏土土体中发育有不同规模的构造裂隙。这些构造破裂面大多呈闭合状态,裂隙面异常光滑,近于摩擦镜面,抗剪强度非常低。从裂隙面形态、物理性状观察,与成土过程中形成的裂隙很难区分。

在黄河以北的潞王坟段,由于靠近汤东、汤西活动性断裂,在区域应力作用下,胀缩性泥灰岩岩体中形成了不同方向的网状裂隙,破坏了岩体的完整性。下伏有胀缩性相对较强的老黏土,或固结程度相对较差的钙质胀缩性黏土。

总而言之,膨胀土的矿物组成、成土环境、水土作用的物理化学反应,以及土体中发育的原生和构造破裂结构面,破坏了膨胀土体的完整性,这些特殊的基本地质因素,即膨胀土的裂隙性,构成了渠道工程基本的地质环境,这是我们要深入研究的重要课题。

2.9　膨胀土渠坡破坏形式研究

南水北调中线工程膨胀土,主要分布在河南南阳盆地和河北邯郸等渠段内。根据膨胀土体结构特征,可归纳为均一膨胀土体渠坡破坏、成层裂隙膨胀土体渠坡破坏和拖载破坏三种类型。

2.9.1　均一膨胀土体渠坡破坏

如前所述,由于部分地段膨胀土体厚度相对较大,基本没有层理、原生裂隙或构造裂隙发育,土体相对完整。因此,当新开挖渠坡土体充分暴露时,这类膨胀土渠坡土体,主要是受大气环境的影响使膨胀土反复膨胀收缩,造成土体呈豆粒状塌落。表现为向渠坡内渐进式剥落破坏形式,如图 2-17 所示。

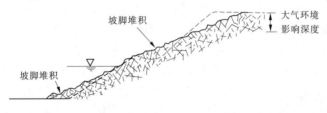

图 2-17　均一膨胀土体渠坡破坏示意图

2.9.2　成层裂隙膨胀土体渠坡破坏

在南阳盆地内,有的膨胀土成层性较好,且发育有成土过程中形成的收缩裂隙。由于收缩应力的作用,使部分原生层面和层间土体发生不同程度的滑动剪切破坏,形成裂隙土体。这类土体结构形成的渠坡土体,往往以滑动、蠕滑的破坏形式出现,如图 2-18 所示。

此类土体破坏形式,通常认为是由于超固结黏土的侧压力系数较高,在边坡开挖过程

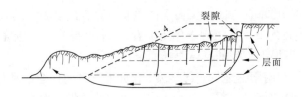

图2-18　膨胀土渠坡沿裂隙、层面滑动破坏示意图

中对侧向压力起到了解除作用,即围压逐渐解除所导致。在这个过程中,不仅土体发生了回弹卸荷变形,而且降低了膨胀土体的强度。

对于厚层状膨胀土体,虽然没有层面发育,但在成土过程中的收缩应力作用下,与收缩应力呈近50°交角方向,发育有密集的剪裂隙。在后期的反复胀缩作用下,裂隙张开,且有较多的灰白或灰绿色次生黏土充填,其胀缩性较原生膨胀土更强。当边坡开挖临空时,暴露的膨胀土体失水收缩,使密集短小的裂隙连接贯通并且逐渐形成滑动面,最终造成边坡土体产生滑动破坏,如图2-19、图2-20所示。此类滑坡一般规模较小,但当滑坡体前缘滑落临空后,后缘土体可能将连续产生蠕滑破坏。

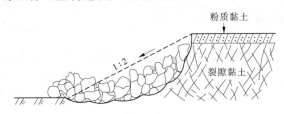

图2-19　裂隙膨胀土渠坡破坏示意图

图2-20为南阳盆地膨胀土试验段在开挖过程中形成的滑坡。

图2-20(a)、(b)系两个小型滑坡,表部均发育有厚1～2 m的粉质黏土,下伏具有弱膨胀潜势的裂隙黏土。滑动面由走向相近的小型裂隙贯通形成。裂隙内充填有灰绿色次生黏土,质地细腻,呈软塑或流塑状态。

图2-20(c)为滑坡体后缘滑动面及其次生充填灰绿色黏土。

图2-20(d)反映了倾角约50°短小裂隙内充填的灰绿色黏土,没有砂感,呈软塑状态。

对于膨胀土的强度来讲,固结程度越高、胀性越强的膨胀土体,其强度和变形模量降低幅度越大、降低的速度越快。同时,具有收缩裂隙的膨胀土体,裂隙内充填的次生或后期充填的黏土,其胀缩性更强,致使水平方向的膨胀力大于垂直方向的膨胀力。所以,当渠坡土体处于临空状态时,稳定性极差。但是,按照土体一般的物理力学试验成果,即使再叠加考虑大气环境的不利作用,计算得到的边坡土体也是稳定的。所以,我们认为此类边坡土体强度和稳定性,应由裂隙和曾遭受剪切破坏的层面强度及水平方向膨胀力所控制。

2.9.3　拖载破坏

在黄河以北的潞王坟一带,分布有高钙质黏土和泥灰岩。前者具有较强的胀缩性;后者已达到软岩的强度,不具有胀缩性。但有些地段上部高钙土已胶结成泥灰岩,下伏有超

图 2-20　裂隙膨胀土渠坡破坏影像

固结胀缩性黏土或高钙土。尚未成岩的高钙土,其渠坡破坏形式与前述两种破坏形式相同。而下伏膨胀土的渠坡破坏形式如图 2-21 所示。

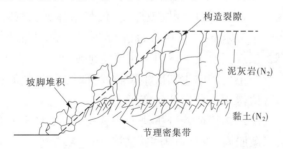

图 2-21　膨胀性泥灰岩渠坡破坏示意图

　　潞王坟地带由于受区域构造应力场和汤东、汤西活动性断裂挽近期的强烈作用,使本来成岩程度和结构极不均一的上第三系泥灰岩岩体遭受破坏。成岩作用较好的泥灰岩岩体中,节理裂隙发育,岩体完整性差;成岩作用较差的高钙土,则有较多的剪裂隙,裂隙面呈光滑的擦镜面,且呈闭合状态,力学强度很低。在岩与土的界面处,有较强烈的错动迹象。所以,渠坡岩体的稳定性较差。

　　对于上石下土的渠坡,其稳定状态受下伏高钙土胀缩特性和裂隙强度的控制;对于未成岩的高钙土组成的渠坡,整体稳定性受原生和不利组合的构造裂隙控制;在没有较大裂隙和层面发育的地段,渠坡土体受大气环境影响,下伏高钙土蠕滑、拖拉上覆裂隙泥灰岩滑落,呈渐进式剥落破坏。

2.10 膨胀土体物理力学参数取值分析

2.10.1 一般规定

工程土体物理力学参数取值问题,在某种程度上讲,目前还属于经验判断的取值范畴。尽管不同行业对工程勘察有各自的规程、规范,但物理力学试验方法和标准基本相同,取值的原则亦很相似。对于土体的物理参数,基本采用了试验值的算术平均值;而力学参数基本上采用了试验值的小值平均值。

对于这样的取值原则,当土体的物质组成和结构比较均一时是可行的;当工程土体有显著差异时,则将个别偏离较大的试验值删掉,然后进行数学统计,以力求使试验数据符合简单的数理统计规律,确定为取值或作为取值的基础数据,这种方法目前也在广泛应用。

以上简单的取值原则,对于一般工程土体而言是可行的,这可视为工程实践经验的总结,故可称之为经验取值方法。但是,对于特殊土如膨胀土、分散性土和黑土及红土等,在作为某些建筑物地基土体时,应在充分分析控制工程土体特性的主要因素,如力学、物理化学性质的基础上,从工程体对地基的要求及工程运行特点上做出具体分析,进而确定工程土体物理力学参数的取值原则较为适宜,以保障工程建筑物的安全运行。

2.10.2 膨胀土物理力学参数取值问题

前述南水北调中线工程膨胀土的物理力学试验成果,除膨胀力、膨胀量等特殊试验外,其他物理力学试验项目,均采用了一般土体室内或原位试验的方法。如果膨胀土体中没有裂隙发育、土体质地均一,它的破坏深度或厚度,仅是水体或大气环境影响所能够达到的范围,破坏形式也多限于"剥落"式的破坏,此时按常规试验方法所取得的物理力学数据,经深入分析、统计后,按规范规定的取值原则确定地质建议值是可行的。但是,当膨胀土体中确有规模不等、分布不均的原生和次生裂隙发育时,采用常规试验方法取得的试验成果和上述取值原则,就值得深入分析和研究了。

在对膨胀土矿物组成、微结构特征的分析研究中曾提到,膨胀土的颗粒组成以黏粒、胶粒为主,而黏土矿物又以蒙脱石、伊利石为主组成。由这些亲水矿物组成的黏土颗粒,其形状大多呈针、片状,且可以无限延伸,所以土颗粒的边缘就成为黏土片的断口。由于膨胀土体大多固结程度较好或呈超固结状态(有学者称之为"黏土岩"),因而针、片状的黏土片多呈片堆结构状态,使土体在平面延伸方向上,分布有较多的黏土片断口,而在剖面方向上黏土片断口的分布数量较少。

当水—土相互作用时,黏土颗粒在平面方向上能够吸收大量水分子;与之相比,剖面方向上仅能吸收相对较少的水分子,致使在平面方向上的胀缩性要大于或远大于剖面上的胀缩性。如果土体中还有近垂直或与水平方向斜交的收缩裂隙发育,裂隙内充填有次生强胀缩性的黏土,这对于评价渠道边坡土体而言,依据常规试验方法获得的物理力学参数,尤其是力学参数,采用通常的取值原则是否合理,是值得我们深入思考的。

2.10.2.1　工业与民用建筑工程的参数取值

对于工业与民用建筑工程,按照建筑物对地基土体的要求,根据常规试验资料,物理参数数据采用算术平均值、力学参数数据采用小值平均值或算术平均值并加减均方差,以此作为地质建议值或称标准值是可行的。如果采用桩基础,在大气环境影响深度内,桩周摩阻力以按"0"考虑为宜。同时,要做好建筑物周边一定距离内的防水、排水设施,防止雨水入渗破坏地基土体的稳定性。

2.10.2.2　渠道工程的参数取值

为适应地形条件的变化,渠道工程有填方、半挖半填和挖方三种类型。与道路、工业与民用建筑物的运行条件相比,膨胀土渠道运行的地质环境及其与水的相互作用,对于边坡土体的稳定应该是最不利的。

对于填方渠道,膨胀土体分布在渠底及渠坡段底部,所以要求在渠底及渠坡段底部应做好防渗工程;同时,为防止邻近渠坡地基土体因胀缩作用而导致背水坡边坡土体破坏,尚应做好背水坡外一定距离内的防水和排水工程设施。

如果渠道为挖方或半挖半填类型,膨胀土体将构成渠道边坡或部分边坡土体。通过对膨胀土物质组成、物理力学性质和土体微结构特征及其边坡破坏形式的分析,评价膨胀土体稳定性应考虑以下几个因素:

(1)膨胀土体内往往有原生裂隙发育,局部地段还发育有构造裂隙。如果有原生裂隙发育,除层面有因蠕滑作用而形成的光面闭合裂隙外,在成土过程中由于收缩应力形成的近垂直或与水平方向斜交的不规则裂隙,往往呈张开形式且后期多有次生充填。此时,次生充填黏土较原生膨胀土的胀缩性更强。因而,裂隙内次生充填土体的抗拉强度是负值,其值应与次生黏土的胀缩力相当。

(2)由于膨胀土大多固结程度较好或呈超固结状态,土体内的黏土片多呈片堆型结构排列,形成无限吸收水分子的黏土片断口,且多分布在沿平面或近平面方向上。这是致使膨胀土体胀缩力学效应在平面方向大于剖面方向(垂直方向)的根本原因。

(3)对于挖方或半挖半填渠道工程,迎水坡膨胀土体将处于临空状态。这不仅解除了原始的水平应力,同时也给膨胀土的体积膨胀拓展了空间,在水平方向上可以自由胀缩。

(4)对于膨胀土土体渠道边坡,不仅要考虑完建期土体的强度,还应考虑边坡土体的长期强度及其力学效应。

基于对膨胀土土体结构和微结构的分析,首先应查明边坡土体内有无裂隙发育、裂隙性状和对边坡土体的影响等。如果有裂隙发育,且影响着边坡土体稳定性,那么在评价膨胀土渠道土体稳定性时,摩擦力和凝聚力参数的选取,应采用流动变形试验强度的小值平均值,或采用层面反复剪切试验获得的强度参数。即使没有收缩裂隙发育,土体内也可能有收缩应力积聚,当水平应力解除时,必然会对膨胀土体的完整性产生不利影响。

计算边坡土体的稳定性,无论采用极限平衡法、毕肖普法或简化毕肖普方法,在分析边坡下滑力时,除考虑土体重度之外,还应将边坡土体的水平向膨胀力计入其内,两者的合力应是破坏边坡土体稳定的下滑力。

总之,这样认识、分析膨胀土物理力学参数问题,是比较符合工程实际的,这对于膨胀土地区渠道工程的建设和安全运行,可能会有一定的积极意义。

2.11 膨胀土工程地质勘察

针对膨胀土地区的勘察,一般要求重点进行大比例尺的工程地质测绘、重型勘探和现场测试及室内试验。

但是,鉴于膨胀土的物质组成、成土环境及土体结构特征等的多样性和复杂性,若要达到理想的勘察目的,并且能够进行膨胀潜势多项指标的综合分类,仅仅采用常规的勘察方法和手段是比较困难的。

因此,作者建议除采用常规的地质勘察手段和方法外,尚应深入分析研究通过不同方法和手段揭露的现象与问题。

2.11.1 古地理研究

古地理反映了地质历史时期海陆更替、气候条件变化和自然地理环境变迁及其演变规律,对分析研究历史地理环境在空间、时间上的变化规律具有重要意义。

膨胀土是一定的地质环境、作用下的产物。通过对膨胀土形成时的地质环境和作用等古地理的基础研究,有助于揭示它们在空间、时间上的客观分布和产状形态、组成成分及性质特性等自身的形成发育规律,指导工程地质勘察工作,可以取得事半功倍的效果。

例如,在我国的东部黄土带与红土带过渡区域,第四纪以来的古亚热带气候和山地丘陵古地貌,为富含蒙脱石黏土矿物的形成提供了条件。而包括蒙脱石在内的黏土矿物,基本上是由长石、角闪石和云母等原生硅铝酸盐在一定的地球化学环境和作用下转化而成的。蒙脱石是在富含镁的微碱性水的地球环境下形成的;水环境交替强烈的酸性介质有利于高岭石的形成;伊利石则是在富含钾的环境下赋存的。

因此,对膨胀土地区的勘察,要特别重视对古地理的研究。注重收集勘察区古地理资料,分析不同地质时期古地理特征,研究成土环境——接受堆积物低地的古地貌形态、气候环境和物源及搬运形式等;针对工程区所处堆积低地的位置,如盆地边缘还是中间部位,初步判断成土过程中土体内是否有收缩裂隙形成,土体层面是否有蠕滑破坏的可能等。如果研究区正处于堆积盆地的边缘或边缘附近,收缩裂隙和层面蠕滑破坏的可能性就比较大。否则,处于堆积盆地的中央或靠近中央部位,仅是收缩应力的积聚,裂隙发育一般不明显。但在土体临空时,其积聚的内应力便会立刻释放出来,影响工程的土体稳定。所有这些,对膨胀土的工程地质评价都具有重要的指导意义。

2.11.2 坑(槽)探工程

不同于钻探等手段,坑(槽)探工程能够直接观察地质情况,详细描述地层岩性,并且可以采取近似原状结构的试样,对于膨胀土这样地质条件复杂地区的勘察是非常必要的,不失为一个简单、可靠而且经济的勘探手段。当然,限于可开挖深度,坑(槽)探一般仅可揭露大气环境影响带范围内的地质情况,对于深部地质情况的了解,还需借助钻探等勘探手段。

对于坑(槽)探的布置,一般是在分析古地理资料和钻探等勘探资料基础上,在垂直渠道中心线方向上,有重点地布置探槽,其长度应延伸到渠道开口线以外一定的距离,深度应挖至大气环境影响带深度以下,以了解大气环境影响带的厚度或深度,观察描述大气环境影响带内膨胀土的结构特征、控制土体强度的结构面特征、有否原生或构造裂隙发育,以及原生或构造裂隙的性状、展布和充填物性质等,并且及时采取次生充填物和膨胀土的试验样品等。

对于仍未揭露和查明的工程地质问题,应有针对性地布置探井,以揭露层面和深部裂隙发育情况,了解地下水储存、补给、径流和排泄的基本条件与规律,特别是天然非饱和膨胀土的分布特征及其在大气环境影响下的破坏形式、速度等,及时采取层面和软弱结构面的试验样品。

2.11.3 试验与测试

对膨胀土除进行一般的物理力学性质试验以外,还应进行黏土矿物成分的分析、膨胀力和膨胀量的测定,以及自由膨胀率、反复剪切强度、流动变形强度等工程特性指标的试验。这些都是分析评价膨胀土工程地质特性必不可少的试验项目。

现场测试试验,主要是针对膨胀土的胀缩和力学特性指标的测定,包括浸水载荷试验、原位剪切试验等。这对于模拟工程土体在自然、施工或工程运行环境条件下的胀缩特性等,有着不可替代的作用。在有条件的工程勘察区,均应选择有代表性的部位进行现场试验、测试,以获取真实可靠的成果,为工程设计提供依据。

在此应着重强调的是,膨胀土的胀缩特性是由于含水率的增高或减少引起的。也就是说,在含水率不变的条件下,膨胀土一般不会产生体积变化。天然状态下尤其是大气环境影响带以下的膨胀土,处于湿度和压力的相对平衡状态,因此采用天然样品测定的胀缩性指标,反映的仅是消除上覆压力条件下的变形特征,并不能真正代表工程开挖和运营过程中含水率变化后的胀缩特性。

如前所述,膨胀土的物理化学活性、胀缩特性等,与干燥失水程度密切相关,即随着干燥失水程度的增加,膨胀、崩解特性表现的愈加强烈。据南水北调中线工程河南段上第三系硬黏土的试验资料,阴干稳定后样品的膨胀力和膨胀变形量,比天然湿度下的样品增加了5~10倍。

因此,研究膨胀土的工程特性,不仅要测定天然样品的胀缩特性,更要测定不同干燥、失水条件下的胀缩特性,结合工程实际,深入分析研究变化规律,根据工程环境可能发生的变化,进行地质环境和环境地质预测。

鉴于膨胀土(岩)体部分地段或土层,发育垂直裂隙或密集的倾角50°左右的裂隙,形成了裂隙土(岩)体,其力学强度受控于土(岩)体的结构强度。由于裂隙内次生充填了强膨胀潜势的黏土,大多呈软塑或流塑状态,在施工开挖中解除水平应力的同时,边坡土体可能发生塌滑破坏。因而,搞清此类裂隙土(岩)体的结构特征非常重要,但采用常规的勘察手段和方法又不易查明。因而,建议在渠道开挖施工过程中,加强施工地质工作,把施工地质作为重点再勘察和研究工作。根据施工揭露的土(岩)体结构特征,补充和修正前期地质勘察成果,修改地质加固工程措施,以保障渠道工程安全和运行。

2.12　膨胀土渠坡土体防护加固

2.12.1　防护工程措施

防护工程是针对工程土体不改变原有性质的保护性措施,使其不因环境的变化产生新的环境地质问题。

对挖方渠道,如果没有控制渠坡土体稳定的裂隙和层面发育,仅是在施工开挖过程中,因失水而在表部形成了密集、细小的网纹状收缩裂隙,当开挖至设计坡比时,可立即喷射水泥砂浆、高分子聚合物等无毒、无害材料,或者铺设塑膜,防止膨胀土土体内水的蒸发和雨水入渗,这些措施应该说在一些特定工程中是可行的。

对于喷射水泥砂浆的工程措施,应首先通过现场试验确定工艺参数。我们知道,水泥砂浆若能进行喷射施工,其含水率必然较高。当水泥砂浆喷射到膨胀土表面时,膨胀土表部极易吸水软化,形成一层很薄的软土膜,影响水泥砂浆与膨胀土土体的结合效果,在自重应力作用下甚至产生剥落破坏,不能达到设计的防护目的。

采用喷射高分子聚合材料进行渠坡防护,应选择环保型材料,保证对水质和环境没有污染。该方法的最大优点,是可以种植草皮,美化环境,同时草皮对膨胀土亦能起到一定的防护作用,但造价比较高。

铺设塑膜是一项实施难度较大的工程措施,尤其在渠水位以上的斜坡段。如果塑膜表面没有覆盖,而是直接裸露在表面,容易老化并且形成污染;如果上覆一定厚度的土体,则可能由于上覆土体与塑膜不易结合,导致渠坡稳定性变差,易产生滑动破坏,因而边坡坡度就要放缓。所以,采取铺设铺塑措施也应慎重对待。

从工程地质学角度看,对膨胀土可采取多种方法、措施进行加固处理,改善其工程性质,以满足工程施工和运营的要求。尽管这些方法、措施多种多样,但都有其优势与弊端。因此,有针对性地找出安全可靠、技术先进和经济合理的地基加固新方法,在目前仍是一项重要而紧迫的任务,值得深入探索研究。

2.12.2　防护与加固综合措施

我们所说的防护与加固综合措施,基本理念是采取既能起到防护作用,又能达到加固效果的技术方法,实现理想的防护与加固双重效果。对于膨胀土来说,就是围绕防渗、保湿(保持天然湿度)和增强(增加强度)三个方向选择综合措施。随着科学技术的发展,膨胀土土体的加固方法不断丰富,理论成果日臻完善,实际应用效果显著,这无疑为膨胀土土体采取综合的防护与加固措施创造了技术和物质条件。

从我们了解掌握的综合防护加固工程措施来看,目前有两种方法可以起到防护和加固土体的综合作用,即大家通常说的土体改良、土工格栅(纤维土)等。至于哪种方法效果好,目前还仅是宏观上的判断,尚不能达到定量评价的水平,需要在实践中不断地总结和完善。

2.12.2.1 土工格栅(纤维土)加固工程

广义上的土工格栅,是在土中掺加一定数量的纤维,包括植物纤维和其他复合材料,在土工结构中用做加筋土的筋材或复合材料的筋材等,使土体改善性质、增加强度的一种方法。我们目前所说的土工格栅,是在土中掺加一定数量经加工而成的二维网格状或具有一定高度的三维立体网格屏栅,在土工结构中用做加筋土结构的筋材或复合材料的筋材等,实现改良、加固工程土体的目的。

在历史上,华北平原东部地区房屋墙体下部,常因盐渍剥落破坏。为了改良土体特性,当地民众总结经验,将秸秆掺入土中,并使土体含水率控制在一定范围(相当于最优含水率),然后逐层夯实做墙。墙体强度不仅因此提高,而且由于对毛细水的阻隔作用,土体毛细力减弱,毛细水上升高度大大减小,延长了墙体的使用寿命。这种方法即是土工格栅在改良土壤中的成功应用,说明土工格栅在历史上不仅已经被认识,而且得到广泛应用。

无机材料的诞生和发展,为工程土体加固和防护提供了广阔空间。在工程建设中,为提高土体强度,在土体中加入一定量的无机材料——土工合成纤维形成纤维土,其强度与土相比有显著的改善。当纤维土按照一定的形式填筑在普通土体的表面时,我们称其为土工格栅。目前,这种方法在道路工程等领域已经得到广泛应用。

针对膨胀土渠坡土体的加固,设想如果在土体表面增加一层压实纤维土,不仅可使渠坡土体强度提高,而且对膨胀土土体的胀缩性也能起到一定的约束作用,同时亦使膨胀土与大气环境之间产生一定的阻隔作用,减少雨水入渗和土体毛细水蒸发。我们认为这在一定条件下是可行的。

对此,武汉大学、杨国录和季光明等,试验研究了 HPZT 聚丙烯纤维网膨胀土(简称纤维土)的特性和在工程中应用的可能性。

1)试验材料

(1)膨胀土。试验样品取自南水北调中线工程所经过的南阳盆地,为灰白色中等膨胀性土,最大干密度 1.8 g/cm³,最优含水率 18.5%;无荷膨胀率 7%~12%,50 kPa 荷载作用下的膨胀率为 -0.6%~0.35%。其含水率与无荷膨胀率的关系见图 2-22。

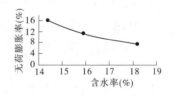

图 2-22 含水率与无荷膨胀率关系

(2)聚丙烯纤维网。试验用聚丙烯纤维网的技术特性见表 2-34。

表 2-34 聚丙烯纤维网技术特性

材质	100%聚丙烯	抗拉强度(MPa)	300~770
密度	0.91	断裂伸长率(%)	>15
长度(mm)	10、15、19、38、55	弹性模量(MPa)	3 500
分散性	良	安全性	无毒材料
燃点(℃)	590	抗酸碱性	强

（3）HPZT 环保型改性剂。HPZT 环保型改性剂（简称改性剂），是在原有 HEC 高强、高耐水土体固结剂的基础上，对其组分元素和含量进行了相应调整后形成的一种新型固态粉末状无机材料，专用于改良各种膨胀土的自然特性。

试验研究成果表明，在膨胀土中掺加一定比例的改性剂进行改性固化，可使其成为低膨胀或无膨胀性土，膨胀力和膨胀量趋于零；具有防渗、水稳定性好和低强度、低弹模的特点，即改性后的膨胀土土体为柔性体，可以适应外界一定程度的变形，保护结构不受破坏，因此与相邻环境条件的相容性较好；改性剂无毒、无害、无污染，改性后的膨胀土渗出水符合Ⅱ级饮用水水质标准。

2）试验方案

通过对可能的膨胀土改性组合分析，确定了三种组合方案及试验参数。

组合一：膨胀土；

组合二：膨胀土 + 改性剂，形成改性膨胀土（简称 HPZT 土）；

组合三：膨胀土 + 改性剂 + 聚丙烯纤维网，形成改性纤维膨胀土（简称 HPZT 纤维土）。

各组合方案都采用同样的击实系数 0.9；按有荷、无荷测定膨胀率；含水率分别取 21%、18.4% 和 14.6%，其中 18.4% 为最优含水率，其他为偏离最优含水率的试样实际含水率；纤维掺量按重量比的 1‰~3‰取量；改性剂掺量按重量比 1.5%、3%、6%、8% 和 10% 取量。

3）试验成果对比

试验表明，在膨胀土中加入改性剂后，无论是否加入纤维网，改性膨胀土即 HPZT 土和 HPZT 纤维土的渗透系数均为 $10^{-4} \sim 10^{-5} \mathrm{cm/s}$；渗透水体的 pH 值为 7.8~8.2。

通过对比分析，原状膨胀土的无侧限抗压强度，随着含水率的增加而降低；掺入改性剂的 HPZT 土，其无侧限抗压强度随含水率的变化由小变大，在最优含水率处达到极值，即最优含水率状态下，HPZT 土的承载能力最大，而且在其他含水率环境下，HPZT 土的承载能力也远大于原状膨胀土。膨胀土、HPZT 土和 HPZT 纤维土的强度随含水率的变化曲线见图 2-23。

在承载能力等强度特性上，既掺入改性剂又加入纤维的 HPZT 纤维土，其承载能力也远大于原状膨胀土，同样具有在最优含水率状态下承载力最大的特点。区别在于后者的强度随含水率的变化较缓，表明 HPZT 纤维土遇水时的力学性能比较稳定。

从图 2-24 膨胀土、HPZT 土和 HPZT 纤维土的平均弹性模量随含水率的变化关系可以看出，三种组合土的弹性模量均随含水率的增加而减小，而且 HPZT 土和 HPZT 纤维土的弹性模量都较原状膨胀土略大，但仍然具有较好的弹性；HPZT 纤维土的弹性模量介于 HPZT 土和原状膨胀土之间，表明 HPZT 纤维土较 HPZT 土更具有良好的弹性，适应变形的能力较强。

原状膨胀土、HPZT 土、HPZT 纤维土的无荷膨胀率随改性剂掺入量的变化过程见图 2-25。

在该试验中还增加了仅仅考虑纤维或纤维网改性膨胀土的试验方案，即在原状土中按重量比 1‰~3‰掺入纤维或纤维网而不加入膨胀土改性剂。

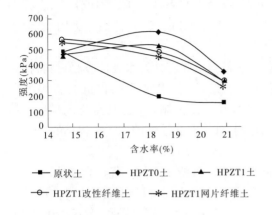
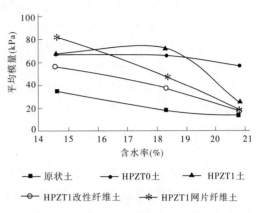

图 2-23　改性膨胀土强度与含水率变化曲线　　图 2-24　改性膨胀土平均模量与含水率变化曲线

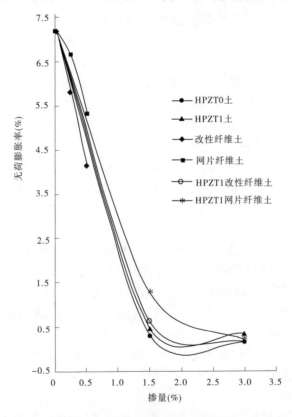

图 2-25　改性膨胀土无荷膨胀率与改性剂掺量变化曲线

　　试验结果说明,与原状膨胀土的无荷膨胀率相比,仅仅加入纤维的膨胀土,对膨胀土的胀缩性虽有抑制,但作用很小;加大纤维掺入量时,对胀缩性的抑制作用也不甚明显。与之相反,不加纤维的 HPZT 土和掺入纤维的 HPZT 纤维土,对于抑制膨胀土的膨胀性都具有较好的效果;当改性剂掺入量达到 1.5% 以上时,无荷膨胀率接近于 0,说明改性剂在其中发挥了显著作用。

与此同时,我们还认识到,掺入纤维的 HPZT 纤维土与不加纤维的 HPZT 土,在抑制胀缩性的作用上是有差别的,特别是改性剂用量少于 2.5% 时,这一特性尤为明显;但当改性剂用量超过 3% 时,这一差别明显减小。

据此可以认为,由于 HPZT 改性剂是一种具有低强低弹特性的水硬性胶凝材料,掺入膨胀土后,除激活一定量的惰性元素外,还发挥着胶结作用,增加了对纤维的"握裹力",同时也增大了纤维对膨胀土颗粒的"牵引力",进而增强了抑制膨胀土胀缩性的程度。如果纤维只有"牵引"作用而没有受到"握裹"的作用,其抑制胀缩性的作用是很小的。

4)HPZT 纤维土的优点

通过试验,应用于膨胀土的挖方渠道的防护,HPZT 纤维土有如下优点和特性。

(1)良好的物理胶合作用。HPZT 纤维土是使水硬性胶凝材料和纤维共同作用于膨胀土,它所固结或者改性膨胀土的机理,是物理胶合和物理"牵引"方法,而不是化学、生物作用,确保了改性膨胀土的不可逆性和应用的可靠性。

(2)安全无污染。HPZT 改性剂主要由硅酸盐、铝酸盐和其他无机工业制品组成,摒弃石灰和其他化学用品;HPZT 纤维膨胀土土体渗出水的 pH 值为 7.8 ~ 8.2,并能够保持长期稳定,有利于保护水质和环境。

(3)技术上可行。采用 HPZT 改性剂和纤维掺合到膨胀土中形成的 HPZT 纤维土,其胀缩性能够得到彻底改善,膨胀量和膨胀力接近于零,线收缩性极小。

HPZT 膨胀土的渗透系数一般为 $10^{-4} \sim 10^{-5}$ cm/s。

HPZT 膨胀土的平均弹性模量一般为 20 ~ 80 MPa。

无侧限抗压强度可依据工程要求,通过调整掺入量能够达到 200 ~ 800 kPa。

HPZT 膨胀土可在水的长期作用下,保持水稳定系数大于 0.8,稳定性好。

HPZT 改性剂可与一般的纤维结合,也可与农用麻丝纤维等结合,具有较好的适应性、结合性。

HPZT 土能适应地基和土体的一般不均匀性变形和适应膨胀土的胀缩力作用。

(4)施工简便。HPZT 改性剂是一种无机的水硬性粉剂,与纤维一起拌和于膨胀土中,简单易行,采用一般性路拌碾压方法便可以成型,无需添加特殊的施工机械。

(5)成本低。HPZT 改性剂生产工艺简便,成本与常规水泥相近。试验研究表明,HPZT 纤维土的改性剂和纤维的用量一般占膨胀土重量的 1.5% ~3%,考虑到施工操作性,用量建议按 3% ~4%,处理费用需要 30 ~40 元/m³,技术和经济上都优于石灰土和水泥土,也优于换填土方法,技术经济指标比较好。

5)HPZT 纤维土技术应用

通过对试验成果的分析,杨国录、季光明等提出了"膨胀土渠系'防渗截流、分箱减荷'设计方略",认为该方略如果能够得到有效实施,HPZT 纤维土是有所作为的。

(1)HPZT 纤维土护坡垫层。沿渠道两侧混凝土坡面,铺筑厚 0.6 ~ 1.0 m 的 HPZT 纤维土,一是可以起到提高抗渗能力的作用。利用 HPZT 纤维土良好的抗渗性,切断外水向坡体内的渗径,结合坡面混凝土板的防渗作用,可极大地提高抗渗能力。二是可以提高稳定性。由于 HPZT 土密度达 1.7 ~ 1.85 t/m³,使 0.6 ~ 1.0 m 土层与 0.1 m 厚混凝土渠道面板更具有以自重力来保持渠坡稳定的能力。三是可提高抗冻融能力。试验表明,HPZT

· 120 ·

土的冻融参数可达 F12 以上,具有较好的抗冻融深度。四是提高了对变形的适应性。由于纤维土具有较低的弹性模量,所以当坡体内膨胀土发生胀缩时,纤维土能够适应一定的变形而不致遭到破坏。五是可以提高保湿性。HPZT 纤维土的渗透系数一般在 $10^{-4} \sim 10^{-5}$ cm/s,为坡面钢性混凝土与坡体膨胀土之间营造了保湿空间,维持膨胀土原有的湿度环境,减少导致膨胀土胀缩的因素。六则是孕育环保环境。在渠道正常运行水位上的非饱和土区,HPZT 纤维土层可保持自身的含水率不变或微变,成为其上部植被土层的良好下卧层,有利于坡面生态绿化工程的配套实施。

(2)HPZT 纤维土路基。由于膨胀土存在胀缩特性,当外水沿路板沉降伸缩缝渗入路基时,反复胀缩破坏将导致沉降变形,道路钢性面层产生破坏,出现路板断裂问题。出于对水质可能产生影响的考虑,南水北调中线工程不适宜使用白灰土做各类马道和堤顶道路基层,采用纤维土技术可使这一难题迎刃而解。

(3)渠系"防渗截流、分箱减荷"技术。"防渗截流"主要包括防渗、截留、隔渗和绿化等工程措施。

防渗:HPZT 土具有一般黏性土的抗渗特性和自重性,用做坡面垫层可提高坡比 $i = 1:2 \sim 1:3$ 的稳定性,使坡面表流顺坡流入预设的纵横排水明沟网,减少水流对坡面的渗透。

截流:采取工程措施截断一切地面和地下外来水,确保土体内原有含水率不变。

隔渗:在渠道动水位以上区域的种植土层下,铺设 HPZT 纤维土层,封闭地下箱墙顶部,彻底切断地表水的下渗途径。

绿化:利用三维网垫在坡面进行绿化,还原生态环境,并利用草坪减轻雨水对边坡的直接冲刷;利用植被根系获得的"根锚"效应,使坡面形成一个整体的柔性绿毡,有利于提高保湿和抗冻融性能。

"分箱减荷"应用于 HPZT 土时,对填方、挖方渠段有所不同。

填方段:强制搅拌纤维土,经摊铺碾压形成地下箱格墙。

挖方段:选用各类地下连续墙机械,形成由纵横地下连续墙结构组成的箱格,促使膨胀土内的大体积纵横裂隙化整为零,减少膨胀土的膨胀量和膨胀力。

封顶:完成箱格墙之后,在箱顶摊铺纤维土,经碾压形成地下隔渗箱体墙的顶层。

6)纤维土层厚度的确定

通过对纤维土作用机理的分析,我们认为这种加固形式,对于仅受大气环境影响,并且呈渐进式剥落破坏的渠道边坡应该是有效的,但应进一步研究或通过实地试验,确定技术可靠、经济合理的"纤维土层"的厚度。

确定"纤维土层"厚度,需要测定水在纤维土体中渗透或纤维土体所具有的毛细现象,并实地观测起始水力坡度 I_0。当纤维土层底界面附近的起始水力坡度 I_0 值等于或近似等于水力坡度 I 时,就可认为此时的"纤维土层"厚度基本可视为隔水或不透水土层,达到了隔水的目的。

在渠坡土体表部采用纤维土加固,对于因受大气环境影响而遭受胀缩破坏的膨胀土渠坡,当纤维土体达到一定厚度时,可起到保护渠坡土体稳定的作用。但对于裂隙比较发育、成层性好且层面在成土过程中已有滑动的渠坡土体,其加固形式和范围如何确定,是应该深入研究的课题。

应该充分认识到,在黏性土体或超固结土体中,裂隙多呈闭合状态,且多为非常光滑的擦镜面。有的裂隙虽然张开,但后期又充填有次生胀缩性更强的黏性土,且表面往往覆盖了较厚的风化次生土体,故一般的勘察手段还不易发现膨胀土土体中的裂隙发育情况,这就给地质勘察和加固地质工程带来了极大的困难。所以我们认为,弥补的办法只有加强施工地质工作,在充分分析成土环境、后期构造变动、胀缩特性和固结程度等资料的基础上,根据实地开挖揭露的土体结构特征来确定加固地质工程形式为宜。

综上所述,在膨胀土土体中加入 HPZT 改性剂和纤维,以抑制膨胀土胀缩性的措施,属于物理改良的方法,物理固化作用是主要的。纤维土应用于渠道混凝板下的垫层,隔绝渠水和空气与膨胀土间联系的效果如何,有待进一步的试验和研究。因此,我们建议:

(1)通过实地试验,验证纤维土的隔水性、耐久性和抗拉或抗裂强度等特性。

(2)纤维土的渗透系数为 $10^{-4} \sim 10^{-5}$ cm/s,属于弱—中等透水性。应通过试验调整 HPZT 改性剂和纤维的掺合量,使渗透系数达到 $<10^{-5}$ cm/s,以满足防渗要求。

(3)在确定 HPZT 纤维土厚度时,应考虑其所具有的起始水力坡度 I_0 值,以确定 HPZT 纤维土层的厚度,达到安全、合理、经济的目的。

2.12.2.2 改良膨胀土加固工程

目前,在水利工程中对膨胀土进行改良应用的较少,多以支挡和换填方式进行处理加固。如新疆引额济克、引额济乌渠道工程,均为具有膨胀性的上第三系黏土岩,单轴抗压强度大都在 30 MPa 以上,岩体完整性较好,控制性裂隙不甚发育,且岩层倾角在 40°左右,渠线与岩层走向交角较大或近直交。在加固措施上,采用了渠坡防渗、渠底暗沟排水和塑膜防渗、膜下砂砾层排水的方式,以防止膨胀岩的遇水胀缩破坏,积累了成功的经验。

我们知道,南水北调中线工程膨胀土,具有超固结性、胀缩性和裂隙性的典型特征。在成土(岩)作用、裂隙发育机理和发育程度上,与其他地区膨胀土有着较大的差异,即在控制渠坡土体稳定性等方面,地质环境有所不同。因此,从工程地质角度不能作简单的类比和套用。

一些单位借鉴改良土的经验,试图改良胀缩土的工程特性,这对从工程角度研究胀缩土的工程特性大有益处。目前,提出的改良措施主要是在土中掺加石灰。具体到膨胀土渠道工程,土加石灰方法的简单描述是,松动渠坡、渠底一定厚度范围内的土层,掺入一定量的石灰,之后碾压夯实。一般认为,这种方法可以消除改良后膨胀土的胀缩性。

在工业民用建筑物中,按照一般的经验,加入石灰量的比例为灰∶土 = 1∶9 ~ 2∶8。应用范围仅限于地基土体加固和室外散水地带。对于水利工程,还应通过试验来确定灰土比为宜。

李志祥等对路基填筑土掺入不同比例石灰后的强度进行了测定,成果如表 2-35 所示,同时还作了土样的膨胀性试验。

从膨胀性试验成果来看,随着制样含水率的增加,膨胀量逐渐减小,但与石灰掺入量关系不明显。当试样含水率较大时,尽管掺入石灰量亦较大,试样却没有膨胀性了,膨胀量呈现负值。笔者认为,这不是因为含水率增大使石灰中的钙与水充分反应导致膨胀量减小,而是在无荷情况下制样时间较长,使土颗粒本身的膨胀过程已经基本完成所致。即土体原有结构被完全破坏,致使土体的膨胀性减弱,力学强度有所提高,而且凝聚力提高幅度大于摩擦角提高的幅度,这亦反映了黏性土特有的力学特性。

表 2-35　石灰土强度试验成果

掺入石灰量（%）	石灰土不同含水率下的强度							
	12%		14%		16%		18%	
	c（kPa）	φ（°）	c（kPa）	φ（°）	c（kPa）	φ（°）	c（kPa）	φ（°）
2	113	30.4	120	33.7	141	35.6	146	34.3
4	128	34.1	133	37.5	152	36.3	160	37.2
6	143	36.1	143	36.8	155	38.7	179	36.8
8	149	35.6	150	37.2	159	39.0	176	37.2

注:掺石灰重塑样是在无荷下制样,制样时间 5~7 d。

　　在膨胀土土体中加入一定量的生石灰(CaO)并经充分拌和后,当土体中含水率稍高时,石灰与水发生了反应形成熟石灰,即 $CaO + H_2O \rightarrow Ca(OH)_2$,这种石灰与水的作用是在土体内进行的。若使熟石灰 $Ca(OH)_2$ 继续变为固化的 $CaCO_3$,必须要有 CO_2 参与,即 $Ca(OH)_2 + CO_2 + nH_2O \rightarrow CaCO_3 + (n+1)H_2O$ 的过程,需要有暴露在空气中的环境条件。对于渠道边坡工程,土体暴露在空气中的时间仅在完建期,与运行寿命相比是短暂的,或基本没有这种环境。所以,石灰与水和细小土粒的反应仅是物理反应,所形成的只是 $Ca(OH)_2$ 和少量的 $Ca(HCO_3)_2$ 与细小土粒的络合物。此种络合物呈网状分布于土体中,对土体胀缩性有一定的约束作用,使土体胀缩性减弱而力学强度有所提高。在土体强度提高的幅度中,凝聚力提高的幅度大于摩擦角提高的幅度,这一现象反映了黏性土特有的力学特性。

　　我们知道,膨胀土黏土片晶格中是 Ca^{2+} 离子,由于 Ca^{2+} 离子的存在而形成不饱和极,使黏土片吸水性增强,而且吸、失水后具有明显的胀缩特性。因此,从矿物组成角度分析,在膨胀土土体中掺入 CaO,并不能改变黏土片晶格中 Ca^{2+} 的存在,也不会从黏土片晶格中将其置换出来。所以说,土和石灰混合后强度提高的过程是物理反应的结果,与化学反应基本无关。

　　由此我们可以得出,在膨胀土土体中加入石灰,仅仅是对膨胀土有所约束,使胀缩特性有所减弱,而不能起到化学改性作用。所以,这种通过改良后的膨胀土土体,作为路基工程和工业民用建筑物地基是可行的,但作为渠道边坡工程土体,长期在渠水环境作用下,其耐久性和抗阻滑的强度还有待进一步研究。

2.12.2.3　换土防渗加固工程

　　通过对膨胀土胀缩特性和土体结构特征的分析研究,作为无水环境下的建筑物地基,如工业与民用建筑物地基、道路路基等,目前对于实施地质工程加固地基土体的经验比较成熟,多实施隔水、排水和支挡及换土等地质工程措施,效果比较理想。但是,膨胀土体作为有水环境下的渠道边坡,如何实施地质工程加固,这方面可以借鉴的经验不多。我国新疆的引额济乌、引额济克渠道工程,采用了换土塑膜防渗技术,效果较好。

　　为防止渠水入渗导致膨胀土体发生胀缩变形,进而破坏渠道岸坡土体,尤其是渠水位附近及其以下部分土体,南水北调中线工程膨胀土部分渠段,目前也采用了换土地质工程。对渠水位以上斜坡地段,采用排水和草皮护坡的措施,如图 2-26 所示。

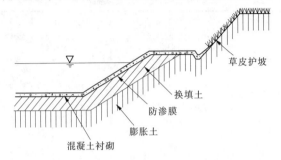

图 2-26　膨胀土渠道边坡防护示意图

对膨胀土渠道实施换土、塑膜防渗地质工程,从实践和理论上都证明确实是有效的。但是如何确定合理的换土厚度,使之既能起到防渗作用,又不因换土太厚而造成浪费,目前尚没有一个很好的计算方法,仅是根据工程类比和经验判断提出的换土厚度。

在分析了水—土作用基本理论后,作者建议用下述方法复核换土厚度,如图 2-27 所示。

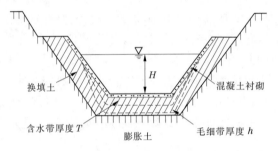

图 2-27　膨胀土渠道换土后含水带、毛细带厚度示意图

前一章我们已经叙述过,水在黏性土体中的渗透规律近似遵守 C·A·罗查表示式(1-10):

$$V = K(I - I_0)$$

式中　V——渗透速度,cm/s;

　　　K——渗透系数,cm/s;

　　　I——水力坡度;

　　　I_0——起始水力坡度。

如果我们不计混凝土衬砌和塑膜的隔水效果,只是考虑换填黏性土的隔水性能,则换填黏性土在水头作用下,在渠底和渠水位以下地段形成饱水带 T 和毛细水带 h。

渠底含水带的厚度可按下式计算:

$$T = \frac{H_0}{I_0 - 1} \tag{2-12}$$

式中　T——渠底含水带厚度,m;

　　　H_0——作用于渠底的水头,m;

I_0——换填黏性土的起始水力坡度。

渠水位以下渠坡含水带厚度可按下式计算：

$$T = \frac{H_i}{I_0 - \sin\theta} \tag{2-13}$$

式中　H_i——作用于计算点位置处的水头，m；

　　　θ——水头作用方向与水平方向夹角。

通过以上计算，在不考虑其他防渗工程措施的情况下，可以确定换填黏性土层的厚度。这里需要说明的是，必须测定换填黏性土在换填压实度下，所具有的起始水力坡度I_0。该值在室内和现场试验都可以取得，但试验时间相对较长。当混凝土衬砌因裂缝渗水或者防渗塑膜被刺破时，渠水下渗的形式和渗入深度亦可按此式计算。

如果在换填黏性土的表部设置防渗塑膜和混凝土板衬砌，那么就要测定防渗塑膜、混凝土板和换填黏性土的起始水力坡度I_0，然后计算三者的加权平均水力坡度，如下式：

$$\bar{I}_0 = \frac{I_{01} \cdot L_1 + I_{02} \cdot L_2 + I_{03} \cdot L_3}{L_1 + L_2 + L_3} \tag{2-14}$$

式中　$\bar{I}_0$——平均起始水力坡度；

　　　I_{01}——混凝土板起始水力坡度；

　　　I_{02}——防渗塑膜起始水力坡度；

　　　I_{03}——换填黏性土起始水力坡度；

　　　L_1——混凝土板厚度，m；

　　　L_2——防渗塑膜厚度，m；

　　　L_3——换填黏土层厚度，m。

依据试验资料和各工程体的厚度得到平均起始水力坡度后，即可计算渠水渗入渠底和渠坡土体的厚度或深度，进而评价渠道换填土和防渗工程的可靠性。

实践证明，对于仅受大气环境影响或裂隙不发育的膨胀土，换土防渗对挖方和半挖半填渠道的防护效果是比较好的。如果在渠坡附近有规模较大的裂隙发育，此工程措施能否保障大体积的渠坡土体稳定，还应区别对待。

2.12.2.4　换填用土的选择

南水北调中线工程膨胀土在南阳盆地分布较集中，南阳盆地至邢台之间有零星分布。如果全部采用换土方案，不仅黏性土需要量较大，而且在南阳盆地等地运距远，造价高，实施难度较大。因此，有专家提出采用弱膨胀土弃料作为换填土料源，既可以节约施工工期和投资，又不影响农耕环境。为此，作者对原状和重塑弱膨胀土作了对比膨胀率试验，试验成果如表2-36～表2-40所示。

从试验成果来看，重塑弱膨胀土并没有改变其原有的膨胀性，与原状土的胀缩特性基本一致，仍属于弱膨胀土，而且在平面上膨胀率和膨胀力不均一；原状土的胀缩性在剖面上分布也是不均一的。这就给上覆防渗塑膜和混凝土板设计提出了一个问题，那就是塑膜和混凝土板能否允许下伏膨胀土的不均匀胀缩力作用，或者是胀缩量能否满足设计允许变形量的要求。如果满足，则弱膨胀土作为换填土料是可行的，但可能还要承担一定的风险。

表2-36　原状弱膨胀土物理力学试验成果

土样编号	取土深度(m)	天然基本物理性质						界限含水率				直剪(饱固快)	
		含水率 w (%)	比重 G_s	湿密度 ρ (g/cm³)	干密度 ρ_d (g/cm³)	饱和度 S_r (%)	孔隙比 e	液限 w_L (%)	塑限 w_P (%)	塑性指数 I_P	液性指数 I_L	凝聚力 c (kPa)	摩擦角 φ (°)
ZK34-1	1.5~2.0	24.7	2.72	1.92	1.54	87.6	0.767	42.5	19.4	23.1	0.23	51.87	20.5
ZK34-2	3.5~4.0	27.6	2.72	1.84	1.44	84.7	0.886	45.1	19.8	25.3	0.31	21.53	22.1
ZK34-3	5.5~6.0	23.6	2.72	2.03	1.64	97.8	0.656	44.0	17.1	26.9	0.24		
ZK34-4	7.5~8.0	24.7	2.72	1.96	1.57	92.0	0.731	46.2	20.1	26.1	0.18		
ZK34-5	9.5~10.0	22.5	2.72	2.04	1.67	96.6	0.633	49.1	21.2	27.9	0.05		
ZK34-6	11.5~12.0	22.9	2.74	2.05	1.67	97.6	0.643	39.8	18.4	21.4	0.21		
ZK38-1	1.5~2.0	15.7	2.70	2.00	1.73	75.4	0.562	28.6	13.1	15.5	0.17		
ZK38-2	4.5~5.0	20.9	2.71	1.91	1.58	79.2	0.715	29.5	16.6	12.9	0.33	12.87	30.3
ZK38-3	6.0~6.5	26.0	2.74	1.99	1.58	96.9	0.735	50.4	22.9	27.5	0.11		
ZK38-4	7.0~7.5	24.2	2.74	1.99	1.60	93.4	0.710	45.6	23.1	22.5	0.05		
ZK38-5	8.0~8.5	25.2	2.73	1.96	1.57	92.5	0.744	36.6	19.7	16.9	0.33	1.51	29.7
ZK39-1	1.0~1.5	19.8	2.70	1.91	1.59	77.1	0.694	32.3	16.5	15.8	0.21		
ZK39-2	3.0~3.5	23.9	2.70	1.92	1.55	86.9	0.742	31.9	17.3	14.6	0.45	9.55	27.9

土样编号	取土深度 (m)	天然基本物理性质						界限含水率				直剪(饱固快)	
		含水率 w (%)	比重 G_s	湿密度 ρ (g/cm³)	干密度 ρ_d (g/cm³)	饱和度 S_r (%)	孔隙比 e	液限 w_L (%)	塑限 w_P (%)	塑性指数 I_P	液性指数 I_L	凝聚力 c (kPa)	摩擦角 φ (°)
ZK39-3	5.0~5.5	24.7	2.71	1.97	1.58	93.6	0.715	33.3	14.6	18.7	0.54		
ZK39-4	7.0~7.5	24.7	2.72	1.99	1.60	95.4	0.704	39.8	17.8	22.0	0.31		
ZK39-5	9.5~10.0	25.5	2.72	1.92	1.53	89.2	0.778	33.0	18.3	14.7	0.49	22.21	29.0
ZK43-1	2.0~2.5	18.8	2.70	1.98	1.67	81.9	0.620	26.9	14.4	12.5	0.35		
ZK43-2	4.0~4.5	17.1	2.69	1.99	1.70	78.9	0.583	22.2	16.8	5.4	0.06	1.20	34.4
ZK43-3	6.0~6.5	26.9	2.70	1.94	1.53	94.8	0.766	32.5	18.1	14.4	0.61		
ZK43-4	8.0~8.5	24.3	2.70	2.01	1.62	98.0	0.670	35.6	20.8	14.8	0.24		
ZK43-5	10.0~10.5	24.8	2.73	2.01	1.61	97.4	0.695	36.2	17.0	19.2	0.41	37.79	14.7
ZK43-6	12.0~12.5	23.3	2.72	2.04	1.65	98.4	0.644	38.8	18.9	19.8	0.22		
ZK44-1	2.0~2.5	20.4	2.70	1.88	1.56	75.5	0.729	32.1	16.1	16.0	0.27		
ZK44-2	4.0~4.5	20.5	2.71	2.05	1.70	93.7	0.593						
ZK44-3	5.0~5.5	24.5	2.71	1.96	1.57	92.0	0.721	31.0	16.3	14.7	0.56		

表2-37　原状弱膨胀土物理力学试验成果

土样编号	取土深度 (m)	三轴(天然UU) 垂直 凝聚力 c (kPa)	摩擦角 φ (°)	压缩性(天然快速) 压缩系数 a_{1-2} (MPa^{-1})	压缩模量 E_{s1-2} (MPa)	膨胀 垂直膨胀力 P_e (kPa)	水平膨胀力 P_e (kPa)	P_{50}膨胀率 δ_{e50} (%)	自由膨胀率 δ_{ef} (%)	颗粒组成(%) >0.50 mm	0.50~0.25 mm	0.25~0.074 mm	0.074~0.005 mm	0.005~0.002 mm	<0.002 mm
ZK34-1	1.5~2.0	61.60	2.0	0.310	5.707	4.65	6.83		25			3.7	59.2	6.6	30.5
ZK34-2	3.5~4.0			0.467	4.041				31			3.5	53.6	6.7	36.2
ZK34-3	5.5~6.0			0.201	8.221	33.47	10.26	-1.2	19						
ZK34-4	7.5~8.0	94.99	3.6						28				51.9	8.2	39.9
ZK34-5	9.5~10.0					64.32	29.66	-0.3	35				52.7	6.6	40.7
ZK34-6	11.5~12.0			0.193	8.492				16		8.5	8.4	38.6	10.2	34.3
ZK38-1	1.5~2.0	53.00	23.7	0.176	8.898				28	11.6	6.8	11.2	46.0	4.1	20.3
ZK38-2	4.5~5.0			0.371	4.623	3.23			14			8.5	70.8	5.3	15.4
ZK38-3	6.0~6.5							0.1	56				49.0	7.7	43.3
ZK38-4	7.0~7.5	114.32	2.5	0.228	7.494	24.24	31.14		41				56.2	9.0	34.8
ZK38-5	8.0~8.5			0.310	5.620				30			5.2	68.9	5.2	20.7
ZK39-1	1.0~1.5			0.227	7.459	3.03	8.75		21			4.6	73.0	6.2	16.2
ZK39-2	3.0~3.5			0.250	6.971				20			3.0	76.7	4.9	15.4

土样编号	取土深度 (m)	三轴（天然 UU）垂直 凝聚力 c (kPa)	摩擦角 φ (°)	压缩性（天然快速）压缩系数 a_{1-2} (MPa^{-1})	压缩模量 E_{s1-2} (MPa)	膨胀 垂直膨胀力 P_e (kPa)	水平膨胀力 P_e (kPa)	P_{50} 膨胀率 δ_{e50} (%)	自由膨胀率 δ_{ef} (%)	颗粒组成（%）> 0.50 mm	0.50 ~ 0.25 mm	0.25 ~ 0.074 mm	0.074 ~ 0.005 mm	0.005 ~ 0.002 mm	< 0.002 mm
ZK39-3	5.0~5.5					2.96	4.02					4.1	73.2	5.2	17.5
ZK39-4	7.0~7.5	104.00	1.7						34				65.1	8.2	26.7
ZK39-5	9.5~10.0			0.357	4.974	2.98			37	1.6	9.5	28.0	38.2	4.3	18.4
ZK43-1	2.0~2.5					2.17	3.99	−1.3	27	2.6	9.5	19.4	52.6	1.8	14.1
ZK43-2	4.0~4.5			0.241	6.579				30	10.5	17.0	21.9	41.4	2.9	6.3
ZK43-3	6.0~6.5	19.86	8.8	0.266	6.642	1.97	1.97		23				79.7	4.1	16.2
ZK43-4	8.0~8.5	55.18	8.5				7.36	−1.9				4.1	61.8	8.2	25.9
ZK43-5	10.0~10.5			0.293	5.789	5.94			20				63.1	9.5	27.4
ZK43-6	12.0~12.5	85.54	1.6	0.226	7.268				30				62.7	6.5	30.8
ZK44-1	2.0~2.5	69.55	9.9						18		5.7	10.5	70.4	4.1	15.0
ZK44-2	4.0~4.5					3.24			24			17.8	61.7	3.1	11.7
ZK44-3	5.0~5.5	35.67	7.1	0.151	11.388							7.1	75.1	2.9	14.9

表2-38 原状弱膨胀土物理力学试验成果

土样编号	取土深度 (m)	天然基本物理性质				直剪(饱固快)		三轴(天然UU) 垂直		膨胀			
		含水率 w(%)	比重 G_s	天然密度 ρ (g/cm³)	干密度 ρ_d (g/cm³)	凝聚力 c (kPa)	摩擦角 φ (°)	凝聚力 c (kPa)	摩擦角 φ (°)	垂直膨胀力 P_e (kPa)	水平膨胀力 P_e (kPa)	P_{50} 膨胀率 δ_{e50} (%)	自由膨胀率 δ_{ef} (%)
ZK54-1	2.5~3.0	21.9	2.70	1.96	1.61	0.28	31.1			3.53			20
ZK54-2	4.5~5.0	23.5	2.69	2.01	1.63								16
ZK54-3	6.5~7.0	31.9	2.71	1.90	1.44	17.76	21			3.04			32
ZK57-1	2.0~2.5	21.2	2.70	2.03	1.67			50.44	7.8				19
ZK57-2	4.0~4.5	24.1	2.71	1.97	1.59			49.51	8.5	2.42	2.99		21
ZK57-3	5.5~6.0	29.7	2.74	1.97	1.52			52.77	2.3				50
ZK57-4	7.5~8.0	26.2	2.73	1.94	1.54			30.9	3.5				33
ZK57-5	10.0~10.5	24.1	2.72	2.03	1.64	55.07	15.8	28.3	0	20.10	10.24		30
ZK57-6	11.5~12.0	25.9	2.72	2.07	1.64	24.55	21.9						31
ZK57-7	13.5~14.0	27.8	2.73	2.01	1.57			35.6	2.4				30
ZK57-8	15.5~16.0	24.7	2.72	2.03	1.63	17.71	24			7.07			22
ZK58-1	1.5~2.0	15.6	2.70	1.88	1.63	15.56	28.2			13.06			18
ZK58-2	3.0~3.5	25.1	2.70	1.91	1.53	13.16	28.1						20
ZK58-3	4.5~5.0	23.1	2.72	1.99	1.62					6.40		-2.7	38

续表 2-38

土样编号	取土深度 (m)	天然基本物理性质				直剪(饱固快)		三轴(天然 UU) 垂直		膨胀			
		含水率 $w(\%)$	比重 G_s	天然密度 ρ (g/cm³)	干密度 ρ_d (g/cm³)	凝聚力 c (kPa)	摩擦角 φ (°)	凝聚力 c (kPa)	摩擦角 φ (°)	垂直膨胀力 P_e (kPa)	水平膨胀力 P_e (kPa)	P_{50} 膨胀率 δ_{e50} (%)	自由膨胀率 δ_{ef} (%)
ZK58-4	6.0~6.5	22.9	2.72	2.04	1.66	58.51	16.3						
ZK58-5	7.5~8.0	26.7	2.73	1.97	1.55	39.95	21.3						40
ZK58-6	9.0~9.5	25.6	2.74	1.91	1.52	33.29	24.1			4.08			
ZK58-7	10.5~11.0	22.0	2.73	2.05	1.68								22
ZK58-8	12.0~12.5	23.1	2.72	2.02	1.64								
ZK59-1	1.5~2.0	13.0	2.70	1.66	1.47					3.92	14.03		20
ZK59-2	3.0~3.5	25.4	2.72	2.00	1.59					41.06	38.45		37
ZK59-3	4.0~4.5	28.6	2.74	1.93	1.50							-0.6	
ZK59-4	6.0~6.5	24.7	2.70	1.95	1.56	28.7	19.2			12.98	11.71		37
ZK59-5	7.5~8.0	27.5	2.74	1.98	1.55								58
ZK59-6	9.0~9.5	24.8	2.71	1.94	1.55	54.11	19.3			3.39			38
ZK60-1	1.5~2.0	23.1	2.72	1.98	1.61	16.13	26.7						23
ZK60-2	3.0~3.5	27.1	2.73	1.91	1.50					10.01	6.54		
ZK60-3	4.5~5.0	29.3	2.70	1.92	1.48	39.66	16.9						50

表2-39 重塑弱膨胀土物理力学试验成果

土样编号	岩性名称	取土深度(m)	比重 G_s	界限含水率			击实(3层各25击)		膨胀1			膨胀2			
				液限 w_L(%)	塑限 w_P(%)	塑性指数 I_P	最大干密度 ρ_{dmax}(g/cm³)	最优含水率 w_{op}(%)	制样指标 含水率 w(%)	制样指标 干密度 ρ_d(g/cm³)	无荷膨胀率 δ_{ep}(%)	制样指标 含水率 w(%)	制样指标 干密度 ρ_d(g/cm³)	膨胀力 P_e(kPa)	自由膨胀率 δ_{ef}(%)
JZK34-1	粉质黏土	0.5~2.0	2.74	41.1	19.9	21.2	1.62	22.6	25.2	1.58	1.6	25.2	1.58	3.45	50
JZK34-2	粉质黏土	2.5~13.0	2.72	41.8	18.6	23.2	1.64	21.0	22.4	1.62	3.4	22.4	1.62	17.19	47
JZK38-1	粉质黏土	1.0~8.5	2.75	42.2	18.3	23.9	1.63	21.5	21.9	1.62	6.3	21.9	1.62	17.16	45
JZK39-1	粉质壤土	0.5~10.3	2.72	30.3	16.8	13.5	1.77	16.8							30
JZK43-1	粉质壤土	1.5~7.0	2.71	27.4	16.1	11.3	1.83	14.5							30
JSZK43-2	粉质黏土	7.0~13.0	2.73	35.4	16.3	19.1	1.68	19.6	20.1	1.64	2.7	20.1	1.64	8.16	50
JSZK44-1	粉质壤土	1.5~5.8	2.71	29.3	15.3	14.0	1.79	14.8							26
JZK49-2	粉质黏土		2.73	44.8	20.5	24.3	1.62	20.8	22.6	1.59	8.4	22.6	1.59	27.77	49
JZK54-1	粉质黏土	5.6~8.5	2.74	44.6	20.8	23.8	1.61	22.1	25.1	1.57	4.7	25.1	1.57	11.71	45
JZK55-1	粉质壤土	1.0~6.0	2.72	38.2	17.9	20.3	1.73	17.5							30
JZK57-1	粉质黏土	5.5~17.0	2.72	35.1	18.1	17.0	1.72	17.7	19.2	1.70	5.0	19.2	1.70	10.29	39
JZK58-2	黏土	3.0~12.0	2.72	46.6	19.5	27.1	1.59	22.8	25.2	1.56	5.2	25.2	1.56	7.77	51
JZK59-1	粉质黏土	1.0~2.6	2.75	44.0	19.4	24.6	1.64	21.1	25.2	1.57	6.4	25.2	1.57	7.50	55
JZK59-2	粉质黏土	2.6~10.5	2.73	40.9	23.5	17.4	1.60	22.0	20.1	1.57	10.1	20.1	1.57	34.87	48
JZK60-1	粉质黏土	0.5~1.5	2.71	35.4	18.1	17.3	1.73	16.7							33
JZK60-2	粉质黏土	1.5~5.5	2.74	40.1	19.0	21.1	1.53	25.4	26.2	1.51	1.6	26.2	1.51	10.33	50

表 2-40　重塑弱膨胀土物理力学试验成果

土样编号	制样指标		三轴(CU)		有效		含水率 w (%)	化学				颗粒组成(%)			
	含水率 w (%)	干密度 ρ_d (g/cm³)	凝聚力 c (kPa)	摩擦角 φ (°)	凝聚力 c' (kPa)	摩擦角 φ' (°)		pH值	有机质含量 W_u (g/kg)	易溶盐含量 (g/kg)	烧失量(550°)(%)	>0.25 mm	0.25~0.075 mm	0.075~0.005 mm	<0.005 mm
JZK34-1	24.6	1.59	45.22	13.6	37.22	20.7	3.06	7.65	3.2	0.2	2.98			60.2	39.8
JZK34-2	23.0	1.61	31.20	12.6	23.85	20.2	2.96	7.58	2.8	0.5	3.15			59.9	40.1
JZK38-1	23.5	1.60	28.13	15.8	22.00	24.0	2.92	7.34	1.8	0.4	3.28			61.3	38.7
JZK39-1							1.92	7.64	3.8	0.4	2.48	5.6	11.6	60.1	22.7
JZK43-1							1.15	7.67	1.6	0.4	1.68	8.5	15.2	58.7	17.6
JSZK43-2	19.6	1.65	10.50	18.0	12.00	27.3	2.70	7.81	2.9	0.3	2.68			66.3	33.7
JSZK44-1						19.2	1.36	7.71	1.8	0.3	1.89	3.2	8.8	68.5	19.5
JZK49-2	22.8	1.59	13.73	14.0	16.46	19.2	2.84	7.55	2.2	0.5	3.01			56.9	43.1
JZK54-1	26.1	1.56	30.45	15.6	22.24	24.5	3.22	7.83	1.8	0.2	3.11			57.0	43.0
JZK55-1							1.89	7.64	3.6	0.5	2.44			70.9	29.1
JZK57-1	19.7	1.69	54.60	10.8	27.80	24.1	2.16	7.78	2.8	0.4	2.39			67.0	33.0
JZK58-2	24.8	1.56	44.49	13.7	31.83	23.3	2.97	7.47	5.0	0.5	3.32			49.6	50.4
JZK59-1	25.1	1.58	27.17	15.2	12.51	25.6	2.97	7.56	3.8	0.4	3.05			59.6	40.4
JZK59-2	20.0	1.57	31.80	13.3	20.80	21.7	3.05	7.61	4.4	0.1	3.52			53.2	46.8
JZK60-1							2.15	7.51	4.5	0.4	2.76			67.4	32.6
JZK60-2	27.4	1.50	54.77	12.1	47.84	18.8	3.02	7.92	5.1	0.5	3.75			62.1	37.9

综上所述,对膨胀土渠坡土体实施地质加固工程,无论换填土工格栅(纤维土)、石灰土,还是换填非膨胀土,再辅以防渗塑膜等工程措施,主要目的是隔绝渠水对膨胀土体的影响,因而换填防渗工程的范围应略高于渠水位,以达到一级马道高度为宜。如此换填防渗工程的规模,对于挖深相对较大的渠道工程而言,防渗加固工程以上斜坡仍将形成较大范围的裸坡。裸坡段若为裂隙膨胀土,在大气环境影响下,裂隙内次生充填的黏土极易产生胀缩变化,破坏渠坡土体的完整性,严重时可能形成规模较大的滑坡,如图 2-20 所示。上述换填防渗工程,只要保证施工质量,防渗效果应该无大的问题,同时在某种程度上提高了边坡下部土体的强度,但能否阻止坡体滑动,还是值得深入分析和研究的工程问题。

第3章 采空区地质环境与环境地质

3.1 概 述

采空区泛指地表以下一定深度范围内,地下矿体(金属、非金属矿藏)被开采后形成一定规模的空间。

采空区的地质环境和产生环境地质问题的过程,一般可以描述为:地下矿体大面积采空后,造成矿体上覆岩体的平衡条件被破坏,进而产生变形、塌落,引起地面下沉变形。据文献资料报道,世界各地因矿体开采引起地面变形而产生的地质灾害时有发生,工程界对此也进行了多年的深入研究,意在为工程建设提供借鉴和帮助。对于该课题的研究,内容比较广泛,涉及煤炭、地质、水利工程等部门的多个专业,是一个跨行业、跨领域的综合性研究课题。

南水北调中线工程,经过河南省的禹州、焦作和河北省邢台、涞水等多个煤矿区。有的渠段邻近煤矿采空区,处于地表变形区范围内;有的直接从煤矿采空区内通过,不能有效的避开。这就给水利工程地质师提出了勘察、研究采空区岩(土)体工程特性的课题——研究煤矿采空区岩(土)体水利工程地质环境和环境地质问题。

我们知道,水利工程地质师所研究的建筑物地质环境,是由不同物质组成,受不同成岩环境、构造环境和气候环境及不同水文地质环境影响下形成的自然地质体和地质结构体。研究其工程特性,目的是满足工程设计和施工要求、预测工程运行后可能产生或诱发的工程环境地质问题。所以,工程体的地质环境研究,是一个系统工程,应该采用多学科、多种技术和手段,获取各种实地资料。应用地质学、水文地质学和工程地质学等综合理论分析,建立分析模型→地质模型→数理模型等,根据拟建建筑物对地基岩(土)体的要求,提出建筑物设计所需的地基岩(土)体的物理力学参数,对地基岩(土)体的缺陷提出实施地质工程的合理建议,并预测工程运行后可能出现的环境地质问题,这就是水利工程地质师的任务。

煤矿采空区内上覆的岩(土)体,也是在不同物质组成、不同成岩(土)环境、不同构造环境、不同气候环境及水文地质环境下形成的地质体和地质结构体。我们知道,我国北方的煤系地层,多产于石炭系(C)、二叠系(P)、三叠系(T)和侏罗系(J)砂页岩地层中。从砂岩和页岩的组成来看,有的砂岩居多,形成砂岩夹页岩的组合形式;有的则以页岩为主,形成页岩夹砂岩的组合形式。有的遭受构造变形程度较轻,仅是沿层面有轻微的错动,如鄂尔多斯台地地段的煤系地层,砂岩和页岩均较完整,岩体呈完整或较完整的层板状、薄层状结构类型;有的则遭受了较强烈的构造变动,如鄂尔多斯台地西缘凹陷带和太行山东侧山前断裂带附近等,砂岩和页岩极其破碎,砂、页岩岩体形成镶嵌碎裂结构、碎裂结构或碎块状结构类型,局部地段甚至形成碎屑状结构类型。因此,在煤矿采空区上部形成了具有软硬程度不一、结构类型各异和岩体强度差异较大的岩体结构。

由于煤矿开采方式方法的不同,在不同结构类型的岩(土)体下形成规模不等、形态不一的空穴,造成上覆岩(土)体发生弯曲、坍塌,因而在地表形成塌陷坑,其破坏的形式和强度具有极大的不确定性。受塌陷岩(土)体结构差异和岩层产状不同的影响,地表塌陷坑的形态、深度即使在同一塌坑范围内亦不尽相同。如果塌陷分布在不同的矿区,或同一矿区不同的矿井,形成于地表的塌坑形态、深度等差异更大。这样一个人工随机破坏的地质体,就构成了渠道工程的地质环境。在渠水的作用下,又可能引发地表塌陷加速和地表裂缝发生等环境地质问题。这样一个随机破坏的岩体工程特性,让水利工程地质师弄清楚,难度确实很大。所以,必须与地质、煤炭部门的设计师、地质师,进行跨行业、跨领域的综合研究,利用系统工程的原理和方法,强调各学科之间相互交叉配合,地质勘察与理论分析、实地地表变形观测相结合的方法进行研究,再根据水工建筑物对地基岩(土)体的具体要求,作出合理的地质环境判断。

3.2　煤炭系统对采空区稳定性评价

目前,水利工程对沉陷区内工程地质环境评价标准尚未见到。国家煤炭工业局颁发的《建筑物、水体、铁路及主要井巷煤柱留设与压煤开采规程》中,规定了"沉陷区环境影响评价与土地治理、利用"等有关的评价标准和具体要求。已建"堤坝"区作为特殊地段进行环境评价;对其他已建建筑物破坏程度分为四级(第Ⅳ级破坏最为严重),每级内建筑物变形破坏都有具体规定。对采动过程中地表塌陷区的计算,即地表移动与变形值的预计及参数求取方法等,都作出了明确的规定。其中,采空区地表移动变形的延续时间和地表稳定评价标准如下:

地表移动的延续时间(T),可根据最大下沉点的下沉与时间关系曲线和下沉速度曲线求得,如图3-1所示。

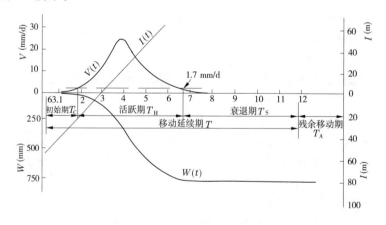

图3-1　地表移动延续时间确定方法

通过分析,移动延续期(T)应为:

$$T = T_C + T_H + T_S \tag{3-1}$$

式中 T_C——初始期,d;

T_H——活跃期,d;

T_S——衰退期,d。

当下沉达到 10 mm 时,为移动期开始的时间;

连续 6 个月下沉值不超过 30 mm 时,可视为地表移动期结束;

从地表移动期开始到结束的整个时间,称为地表移动的延续时间;

在移动过程的延续时间内,地表下沉速度大于 50 mm/月(1.7 mm/d)(煤层倾角 < 45°),或大于 30 mm/月(煤层倾角 >45°)的时间称为活跃期;

从地表移动期开始到活跃期开始的阶段称为初始期;

从活跃期结束到移动期结束的阶段称为衰退期。

3.3 铁路系统对采空区稳定性评价

根据采空程度和坑洞顶板地层的物理力学性质进行采空区稳定性评价。对于大面积采空,其稳定性评价与煤炭行业的地表移动变形的延续时间和地表稳定标准相同。

对于小窑采空区(保留煤柱宽大于采空坑洞宽度的 4～5 倍),铁一院通过在陕西、山西煤系地层小窑采空区的铁路建设,该地区煤层覆岩是石炭、二叠系泥页岩夹砂岩的特点(覆岩组合特征及强度与禹州矿区类似),提出了该地区的小煤窑采空稳定性评价标准。

(1)当基岩顶板厚度 <30 m 时,为可能塌陷区,要求所有工程均需处理;

(2)当 30 m≤基岩顶板厚度≤60 m 时,为可能变形区,重点工程应处理;

(3)当基岩顶板厚度 >60 m 时,为基本稳定区,一般工程不处理,重大工程结合其重要性单独考虑。

其中,顶板上有第四系土层时,按3∶1换算为基岩(即 3 m 土层换算为 1 m 岩层)。铁一院按此标准,在阳陟、孝柳、侯月、神朔等线小煤窑采空区进行处理,经过施工、运营考验,未发现环境地质问题。

3.4 公路系统对采空区稳定性评价

公路系统对采空区地表稳定评价标准是根据采空区的开采方法确定的。

对于长壁式陷落法开采的采区中部和超充分采动,以及其他便于进行地表移动预计的采空区,地表的稳定性应按建(构)筑物的允许变形值确定。

对于古窑采空区、不规则的柱式采空区,以及长壁陷落法采空区的边缘区和其他难以进行地表移动预计的采空区或地下空洞区,其地表的稳定性应根据采空区的开采条件、停采时间(地下空洞的形成时间)和开采深厚比(地下空洞的深高比 H/M)等因素确定。

(1)停采 5 年以上,周围无新的开采扰动,开采深厚比 H/M >200;或开采厚度小于 1 m 的薄矿层开采深度大于 200 m 的采空区,地表应属丁稳定型,采空区可不经治理。

(2)停采 3～5 年,开采深厚比 40≤H/M≤200,或薄矿层开采深度 100～200 m 的采空区,其地表为过渡稳定型,采空区在勘察、评价的基础上重点工程应处理。

(3)停采时间少于3年,或停采时间3年以上又有新的开采扰动,开采深厚比 H/M < 40,或薄矿层开采深度 <100 m 的采空区,其地表属不稳定型,采空区必须治理。

以上各行业对采空区稳定性的评价,基本均采用了国家煤炭部门的评价标准,仅是根据不同建筑物的运行特点,做了局部调整或要求适当的加固工程处理。

3.5　采空区建筑场地适宜性评价原则

对采空区建筑场地的评价,《岩土工程勘察规范》(GB 50021—2001)和《岩土工程勘察设计手册》对采空区建筑场地的评价,是根据地表移动所处阶段、地表移动盆地特征、地表变形值的大小和煤层上覆岩层的稳定性来确定建筑场地的适宜性,依此规定的评价原则如下:

(1)下列地段不宜作为建筑场地:

①在开采过程中可能出现非连续变形的地段。当出现非连续变形时,地表将产生台阶、裂缝、塌陷坑,它对建筑物的危害要比连续变形的地段大得多。

②处于地表移动活跃期的地段。地表移动活跃阶段内,变形指标达到最大值,是一个危险变形期,它对地面建筑物的破坏很大。

③特厚煤层和倾角大于55°的厚煤层露头地段(即上山方向——作者注)。

④由于地表移动和变形可能引起边坡失稳和山崖崩塌的地段。

⑤地下水位深度小于建筑物可能下沉量与基础埋深之和的地段。

⑥地表倾斜大于10 mm/m,地表曲率大于0.6 mm/m² 或地表水平变形大于6 mm/m 的地段。

(2)下列地段作为建筑场地时,其适宜性应专门研究:

①采空区采深采厚比小于30的地段。

②地表倾斜为3～10 mm/m,地表曲率为0.2～0.6 mm/m²,地表水平变形为2～6 mm/m 的地段。

③采深小,上覆岩层极坚硬,并采用非正式开采方法的地段。

④老采空区可能活化或有较大残余变形影响的地段。

(3)下列地段为相对稳定区,可以作为建筑场地:

①已达充分采动,无重复开采可能的地表移动盆地的中间区。

②预计的地表变形值:地表倾斜 <3 mm/m,地表曲率 <0.2 mm/m²,地表水平变形 <2 mm/m的地段。

3.6　采空区水利工程适宜性评价

3.6.1　适宜性分析

目前,在煤矿采空区内修建大型水利工程的实例鲜有报道,缺乏这方面的实践经验。因而,水利工程遇有在煤矿采空区内时,对采空区地表移动(沉陷)和变形的评价,基本上也是依据国家煤炭工业部门颁发的相关评价标准进行的。

依据该评价标准,在开采深度小、开采面积大、推进速度快、采用长壁式全陷法开采及上覆岩石(体)为软—中硬的条件下,地表移动延续时间短;反之,地表移动延续时间相应增加。根据这一统计规律,将地表移动(塌陷或沉陷)区划分为稳定区、基本稳定区和非稳定区。

(1)稳定区。地表移动已经结束(或地表移动延续期 T 结束),形成了地表移动(塌陷)盆地。根据观测资料和经验公式计算,煤层埋深 100 m 左右,采空后一年内便可稳定。采深达 300 m 或更深一些时,则需 3~5 年方可稳定。

(2)基本稳定区。地表变形处于衰退期,下沉速度缓慢,地表裂缝不再发展,移动(沉陷)盆地基本完成。

(3)非稳定区。地表正处于活跃期的变形中,地表沉降、裂缝发育等在强烈的活动。

据此对煤矿采空区的评价原则,为充分利用土地,保护环境,对于在自然条件下运行的工民建、公路和铁路(不包括高速铁路)工程,在采空区内修筑或将地基适当加固后修建,环境地质问题发生的可能性不大。

对于水利工程而言,从宏观判断来看,在采空区地基上修建的水利工程,是在建筑物与水和采空区形成的地质环境相互作用下运行的,其运行中的地质环境是很差的,能否满足水工建筑物对地质环境的要求,除需研究水工建筑物本身对该地质环境的适应性外,研究由采空区形成的地质环境在水工建筑物作用下的变化或变化趋势是非常重要的,这是水利工程地质师的重要工作内容和任务之一。

水利工程地质师根据建筑物的功能、结构特征和对地基或围岩的要求,再依据建筑物所处地质环境特征及其存在的地质缺陷,预测建筑物运行后可能引发的环境地质问题。但是,在采空区内修筑水工建筑物,首先是地质环境就存在某些不易确定的因素。以采空区的移动和蠕动变形延续时间为例,各地的差异就非常大,如有关单位曾对某矿区 20 世纪 60、80 年代开采的几个矿的地表塌陷情况进行了调查和观测,收集到的地表变形资料如表 3-1 所示。

表 3-1 部分采空区地表变形观测成果统计

煤矿名称	最大沉降量 (mm)	塌陷面积 (km²)	塌陷时间	平均塌陷速率 (m/a)
1 号矿	5 000~8 000	4.71	1961~1988	0.30
2 号矿	5 000~7 000	2.73	1958~1988	0.23
3 号矿	5 000~7 000	1.425	1984~1988	1.75
4 号矿	3 000~5 000	0.525	—	—

由表 3-1 中的观测资料不难看出,采空区内地表变形延续时间是很长的,但在后期变形的速率明显减小。

为了满足渠道工程对地质环境的要求,上述单位于 2002 年又对上述塌陷区进行了观测,观测结果为:

1号矿塌陷区:单月最大垂直变形量为100 mm,最大水平变形量为63.8 mm;4个月累计最大垂直变形量为189.2 mm,累计最大水平变形量为137.6 mm。

2号矿塌陷区:单月最大垂直变形量为1.6 mm,最大水平变形量为8.2 mm。

4号矿塌陷区:单月最大垂直变形量为2.5 mm,最大水平变形量为5.4 mm。

6号矿塌陷区(没有收集到该区历史观测资料):单月最大垂直变形量为4.1 mm,并有增大的趋势。

这些煤矿,虽然近年来局部有复采现象,但基本属于老矿井的采空区。

从以上地表变形观测资料来看,无论是新、老煤矿采空区,采空区地面仍有不同程度的沉降变形和水平位移变形。自2003年开始,在整个矿区采空区内布置了数个地表变形观测点,至今尚未发现"0"变形的观测点。所以,按稳定标准划定的稳定采空区,只是地表变形有强弱之分,并未停止变形活动,若受不利的环境因素影响,可能触发原已趋于稳定的部分采空区地表变形重新活跃起来。

通过对南水北调中线工程所经地段其他几个煤矿采空区的调查观测,它们的地表变形情况与之类似,最大的共同点是目前都在程度不同地活动着。有的大矿与小矿井混杂开采,有的仅是大矿井在开采;从地表变形形态判别,有的地表变形基本符合上覆岩体破坏为冒落带、断裂带和弯曲带——"三带型"的破坏形式;有的地表变形更加复杂,形成了一些分布无规律的上窄下宽的塌坑或大型裂隙。

以上事例均与南水北调中线干线工程有着一定关系,直接或间接影响着工程的建设和安全运行。在我们从事的水利水电工程地质勘察工作中,还遇有这样一个例子,如图3-2所示。该图表示了宁夏回族自治区中卫县烟筒梁煤矿煤层的埋藏情况。

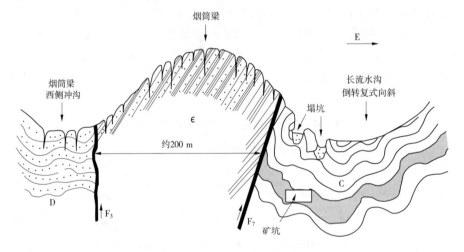

图3-2　烟筒梁煤矿采空区地表变形示意图

烟筒梁煤矿开采的为石炭系砂页岩中的煤层,煤层厚1~2 m,埋藏深度100 m左右。矿井地处长流水沟倒转复式向斜的倒转翼,煤层产状沿倾向方向上变化较大。该煤矿于1958年建井,开采不到1年的时间即行关闭,以后没有开采活动。在1990~1991年开展1/2.5万地质测绘时,在高出两侧沟底50~70 m的烟筒梁山顶部地表,没有发现地表裂缝。到了1992年,在此山顶发育了密集的裂缝,裂缝的延伸方向与岩层走向和矿井延伸方向近平行展布。裂缝长者达 10 余米,短者仅有几米;裂缝上宽下窄,符合一般采空区地表裂隙的发育规律。当时有学者认为是 1679 年中卫南地震所致,但这些裂缝确实是新近产生的裂缝,有多处可见杂草生长在裂缝两侧的土体上。此后至 2002 年,裂缝范围又扩大到烟筒梁西侧的沟底(沟底高程与煤井处沟底高程相近),只是裂缝的密度和规模要小一些。

这一事例又进一步说明,煤矿采空区在一定范围内,地表变形若要达到稳定状态的延续时间是很长的,对其进行定性或定量的变形稳定预测,都是比较困难的。这些实例是否是一般规律外的特例,从我们专业的角度来讲,还不易说清楚。不过,由这些表象资料看,这些采空区地表均存在地表变形。根据我们调查到的资料,地表变形的强弱、延续时间的长短等变形特点,确与采厚比、开采方式与方法、采空部位有没有回填和留设煤柱的强度、上覆岩体强度和结构特征、复采和复采方式等,都有着极为密切的关系。

由于众多的因素影响着采空区地表变形的形式、特征、强弱和范围,因此在预测采空区变形强度和范围时,只能考虑在影响地表变形的诸多因素中,确定主要控制性因素,或根据已有塌陷区的观测资料进行类比;亦只能采用控制性诸因素所占权重进行定性分析,定量是比较困难的。如果再考虑不利环境的影响,预测采空区地表变形程度、延续时间和变形范围,难度无疑会更大。

3.6.2 适宜性评价建议

3.6.2.1 概述

水利工程是一个复杂的人工系统工程。通过多学科、专业的深入研究,综合了流域规划、地质勘测、设计施工及运行等多专业的研究成果,意在科学合理地利用水利资源、保存保护清洁水源或有效地进行输排水。无论哪一类的水利工程,都与地表水和地下水有着密切的联系,工程体与水直接的相互作用,贯穿于工程体建设和运行的全过程。

我们知道,水利工程体是建筑在岩(土)体之上的,而岩(土)体在天然状态下的物理力学性状——工程特性,与饱水状态下的物理力学性状有着极大的差异,尤其对于软岩或土体而言,饱水后的物理力学性质明显变差。水利工程建筑物要求地基岩(土)体相对完整、稳定性相对较好,以保障建筑物的安全运行。针对这个矛盾,工程地质师只有根据科学试验资料,依据地质理论和水在岩土体中储存运动规律,评价和预测工程体运行后地基岩(土)体的物理力学性质变化及其对工程体安全运行的影响。实践经验证明,此评价和预测成果基本是符合实际地质环境的。

我们前面已经较详细地叙述了某些煤矿采空区地表变形的实例。从水利工程对地基岩(土)体稳定性的要求来看,塌陷区外围蠕滑区的发育特征和稳定延续时间是最让人担忧的。一是蠕滑破坏的形式,二是什么时间发生,都有极大的不确定性,按通用地质和水文地质理论推演是无法实现目的的,所以只有建立长期的观测系统来解决这些受多种因素影响的问题了。

3.6.2.2 对评价采空区适宜性的建议

对采空区地表变形的适宜性评价,首先应考虑以下几个问题:

(1)水利工程无论其规模大小、等别高低,都是储蓄或输送水资源的工程,对社会经济影响巨大。因而,除不能产生较大的漏失量外,工程建筑物本身也不能有较大的不均匀变形,尤其采用当地材料构筑的建筑物——土坝、渠堤等,不能产生拉裂缝,更不能有贯穿坝体或渠堤的横向裂缝。否则,极易导致土坝、渠堤的垮塌,造成工程失事。

(2)评估水利工程失事给人民生命财产、社会经济环境和自然环境可能造成的损失。

(3)评估水利工程一旦失事,修复原工程的可能性和难易程度。因为采空区的变形尤其是周边地带的蠕动变形形成的拉裂缝,形成的规模和时间具有极大的随机性。因而该评估的结论是宏观的,最好根据地基宏观变形的特点,在进行加固处理的基础上,工程设计中予以考虑并做好修复加固预案。

所以,我们说水利工程建筑物对地基岩(土)体或地质环境的要求,与其他建筑物相比较是比较高的。如果水利工程建筑物修建于煤矿采空区地表变形区内,它的运行地质环境与其他建筑物相比,又是最差的,故应以避开采空区地表变形区为好。这里说的避开原则,包括两个方面:一是新建水工建筑物地基避开地表变形区;二是新建矿井预测地表变形区范围时,对已有水利工程建筑物要有一定的安全距离,这应该是最基本的原则。

对于采空区地表塌陷区的分析计算,可根据众多塌陷区观测统计资料,利用数学模型和计算公式进行。但在这里应特别指出,对现行塌陷强度和范围的计算成果,应增加塌陷区周边地带长时间活动的蠕变区(带)的宽度。对于水利工程建筑物地基避开距离(塌陷区范围+蠕变区宽度)的计算,上覆岩(土)体的强度参数,建议采用岩体的长期流动变形强度参数进行计算(包括岩体中破裂结构面和土体中的软弱夹层等)。

我们知道,在地表塌陷形成和形成以后,地表地应力平衡遭到破坏,且使塌陷区周边地带的部分岩体处于似临空(塌坑或松弛岩土体)并且接近于岩体围压被解除的状态。在某些条件下,上山方向可能表现得更为明显。在蠕动变形带内岩体的破坏是在重力、地应力(在地表附近地应力量值很小)和环境因素等影响下发生的,所以往往是较缓慢的蠕动变形破坏,如图3-3所示。

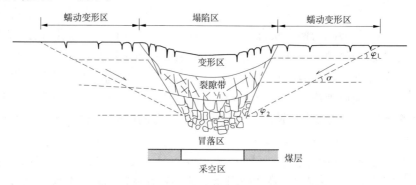

图3-3 采空塌陷区和周边蠕动变形区示意图

对采空区地表移动和变形预测计算,一般采用下列公式,如表3-2所示。

表3-2中 η——下沉系数,宜取$0.01 \sim 0.95$,为最大下沉值($W_{\max}$)与煤层法线厚度(m)在垂直方向投影长度的比值,即 $\eta = \dfrac{W_{\max}}{m\cos\alpha}$ (α 为煤层法线厚度与水平向夹角);

b ——水平移动系数,宜取 0.25~0.35,为煤层充分采动时(半无限开采)

最大水平移动值与最大下沉值的比值,即 $b = \dfrac{U_{\max}}{W_{\max}}$;

r ——开采影响半径,为开采深度与主要移动角正切的比值,即 $r = \dfrac{H}{\tan\beta}$;

m ——矿层采出厚度,m。

表 3-2　地表移动和变形预测计算

项目	最大变形值	任意一点(x)的变形值
下沉 W (mm)	$W_{\max} = \eta m$	$W_{(x)} = \dfrac{W_{\max}}{r}\displaystyle\int_x^{\infty} e^{-\pi\left(\frac{x}{r}\right)^2} dx$
倾斜 T (mm/m)	$T_{\max} = \dfrac{W_{\max}}{r}$	$T_{(x)} = \dfrac{W_{\max}}{r} e^{-\pi\left(\frac{x}{r}\right)^2}$
曲率 K (mm/m^2)	$K_{\max} = \pm 1.52\dfrac{W_{\max}}{r^2}$	$K_{(x)} = \pm 2\pi\dfrac{W_{\max}}{r^3}\left(\dfrac{x}{r}\right) e^{-\pi\left(\frac{x}{r}\right)^2}$
水平位移 U (mm)	$U_{\max} = bW_{\max}$	$U_{(x)} = bW_{\max} e^{-\pi\left(\frac{x}{r}\right)^2}$
水平变形 ε (mm/m)	$\varepsilon_{\max} = \pm 1.52b\dfrac{W_{\max}}{r}$	$\varepsilon_{(x)} = \pm 2\pi b\dfrac{W_{\max}}{r}\left(\dfrac{x}{r}\right) e^{-\pi\left(\frac{x}{r}\right)^2}$

注:表中的各类变形计算,是指地表沉陷区内的变形估算值,亦可用其他方法计算。

对于地表塌陷区周边蠕动变形区的预测计算范围,可以采用下式或者其他方法如有限元计算。

$$k = \frac{P_{\mathrm{p}} + W\tan\varphi + cL}{P_{\mathrm{a}}} \tag{3-2}$$

式中　W ——1 m 宽土块的重度,kN/m;

L ——滑动面长度,m;

c、φ ——土体或软弱结构面流动变形试验的凝聚力、摩擦角值;

P_{a}、P_{p} ——主动和被动土体压力,kN/m。

如果在蠕动变形区有地下水分布或土体为膨胀土体,建议在蠕滑应力中加上孔隙水压力和土体的膨胀应力。

对采空区地表变形观测,亦可以采用经验法、概率积分法和数值模拟法等进行计算,预测塌陷区剩余沉降量、剩余倾斜、剩余水平变形等量值。

3.7 采空区工程地质勘察

3.7.1 收集资料

充分利用矿区已有地质勘察成果,收集煤矿区详细地质勘察资料,借以了解地层结构、产状、构造,矿体空间分布、层数,各层矿体的厚度、埋藏特征,各矿体上覆岩体的物质组成和岩体结构类型及水文地质环境等基础地质情况。

收集矿井开采规划设计资料,了解采空区的位置、范围、开采时间、开采方式和方法、对顶板保护措施和排水设计等。

收集实际开采资料,开采时间和速度、开采深度、层数、煤层产状、开采方式和方法、顶板保护措施和开采过程中顶板岩体变形、矿坑排水情况等。

在矿井内调查开采情况,在地表调查地表变形情况,并做好详细记录。

3.7.2 勘探

钻孔应布置在塌陷区的中心、边缘和蠕滑地带。钻孔深度应至矿体底板以下,以观察不同地带矿体上覆岩体的完整性和岩层间空洞的分布情况,这就要求岩芯采取率要高,并对钻探过程中的孔内掉钻、卡钻、漏水等情况做详细记录。

在对钻孔进行物探检测的基础上,采用测深大的物探方法,探测采空塌陷区分布范围、塌陷区内岩体完整性和空洞分布情况,检测蠕滑区有无裂缝产生等。

通过勘探和分析,可以掌握采空区分布范围、开采深度、巷道位置、回填充水和地表塌陷坑、裂缝的位置、形状大小、延伸方向及其与采空区、地质构造的关系。

3.7.3 地面变形调查和观测

从分析采空区的地质环境和环境地质来讲,地面变形调查和观测是一项不可或缺的工作,对于分析采空区的现状、判断未来发展趋势具有重要意义。

3.7.3.1 地面变形调查

主要调查地表、建筑物的变形特征和分布规律,如地表塌陷坑、裂缝的分布规律、规模以及与地质构造、开采边界等的关系。

调查移动盆地的特征,划分塌陷区和蠕动变形区。

3.7.3.2 地面变形观测网、点布置

地面变形观测工作,应在充分收集、分析矿区资料的基础上,先行布置地表变形观测网,而后进行物探和钻探等工作。在地表变形观测网设计布置时,应注意地表塌陷区远大于地下采空区的范围,否则所取得的变形资料只是相对的,对于穿越塌陷区的线性水利工程来说,评价地基岩(土)体的稳定性是不利的。

一般来讲,地表塌陷区的范围要大于地下采空区 1 倍以上,在上山方向的波及范围可能更大,地表变形观测网设计布置时应注意堵塞问题。

河南焦作矿区部分矿井地下采空区面积与地表塌陷区面积的观测资料如表 3-3 所示。

表 3-3　焦作矿区部分矿井采空区与塌陷区面积观测成果

矿井名称	采空区面积 （km²）	塌陷区面积 （km²）	塌陷区与采空区 面积比值
中马林煤矿	2.02	6.89	3.41
韩王煤矿	1.75	3.54	2.02
演马庄煤矿	2.57	5.97	2.32
冯营煤矿	3.48	8.77	2.52
九里山煤矿	2.64	5.40	2.05
位村煤矿	0.49	1.49	3.04
古汉山煤矿	0.29	2.11	7.28

测线、测点布置应能够控制塌陷区和蠕滑区,一般按平行和垂直矿层走向呈直线布置。各区内应有一定数量的测线和测点,其中平行矿层走向的测线,应至少有一条布置在最大下沉值的位置;垂直矿层走向的测线,一般不少于 2 条;在地表以下垂向上布置不同深度的观测点。

各个测点应同时能够观测垂直和水平方向上的变形(移动)量值,并能确定水平移动方向。

测线上观测点的间距应大致相等,并可依据开采深度参照表 3-4 估算确定。

表 3-4　观测点间距经验值

开采深度 （m）	观测点间距 （m）	开采深度 （m）	观测点间距 （m）
<50	5	200~300	20
50~100	10	300~400	25
100~200	15	>400	30

3.7.3.3　地面变形观测时间间隔

观测时间间隔应根据采空区沉降速率来确定。一般按式(3-3)估算观测时间间隔:

$$t = (Kn\sqrt{2})/S \tag{3-3}$$

式中　t —— 观测间隔时间,月;

　　K —— 系数,一般为 2~3;

　　n —— 水准测量平均误差,mm;

　　S —— 地面变形下沉量,mm/月。

对于观测时间间隔,也可根据开采深度按表 3-5 估算。

观测时间间隔不是固定不变的,应当根据实际情况进行调整。当沉降速率加快时,时间间隔要缩短;当沉降速率变慢时,时间间隔可适当延长;当外界环境改变时如雨季等,时间间隔也要缩短,以便能观测到变形速率可能突然加快的时间点等。

表 3-5 观测时间间隔经验值

开采深度 （m）	观测时间间隔 （d）	开采深度 （m）	观测时间间隔 （d）
< 50	10	250 ~ 400	60
50 ~ 150	15	400 ~ 600	90
150 ~ 250	30	> 600	120

注:根据实地观测资料,应及时调整观测时间间隔。

3.7.3.4 地面变形观测资料整理

绘制下沉曲线、等值线图和水平变形分布图,划分塌陷区和蠕动变形区的范围,计算下沉、倾斜、曲率和移动值。对正在开采或者将要开采的区域,预测其最大变形值和影响范围。

通过综合分析原始地质勘察、矿井设计、矿井开采、勘察和地面观测资料,对采空区作出工程地质评价,以满足建筑物对地质环境的要求,并预测建筑物运行后可能产生的环境地质问题,保障加固地质工程的可靠性和建筑物的安全运行。当然,这是理想的地质勘察目的,但实施起来可能难度很大。因而,只能在地质勘察、施工和运行阶段连续观测,发现问题及时予以处理。

3.8 采空区变形预防与加固处理

3.8.1 防止地表和建筑物变形措施

3.8.1.1 矿体开采工艺措施

开采时采用充填法处置顶板,开采后及时全部或分期充填,最大限度减少地表的下沉空间。

减小开采厚度,或者是采用条带法开采,以控制地表变形不超过建筑物的允许极限值。

增大采空区宽度,使地表充分移动。

合理协调地开采,控制开采速度并且匀速掘进。

3.8.1.2 建筑物设计措施

水工建筑物长轴方向应垂直采掘工作面走向,力求在最短距离范围内通过采空区。

基础底部尽量置于同一高程和岩性均一的地层上,减少不均匀沉降对建筑物的影响。

增加基础刚度和上部结构的强度。

3.8.2 加固处理措施

煤矿塌陷区的发育规律、波及范围等受诸多因素的影响,形成机理非常复杂。既涉及采矿掘进的方式、方法,又涉及矿体上覆岩体的物质组成、结构特征、结构类型和地下水的储存类型等。因而,在深入地综合分析地表观测资料、勘探资料的基础上,划分确定塌陷区和蠕滑区。

就水利工程的要求而言,对塌陷区和蠕滑区的加固处理是必要的。加固的方法有多种,但都不是唯一有效的方法。根据目前的加固技术和地表变形区的特点,对几种加固技术思路作一简介,供参考。

3.8.2.1 塌陷区蠕滑带的加固处理

(1)分析地表观测资料,确定建筑物地基部位岩(土)体蠕滑的方向和蠕滑的变形量。

(2)在建筑物地基以外一定距离的垂直滑动方向,设置灌浆帷幕。帷幕深度应伸入下伏未滑动岩(土)体内,帷幕厚度应根据蠕动区下滑力的大小来确定。如果下滑力较小,设置帷幕仅是为了隔水,此时,孔距、排数和排距由岩(土)体的透水性和可灌性来确定;如果下滑力很大,帷幕除防渗功能外,还要起到类似挡土墙阻止地基土体滑动的作用,按照地基岩(土)体下滑力确定帷幕的宽度较为适宜。

对地基与帷幕之间的岩(土)体加固处理,以增加岩(土)体整体性和力学强度为目的,可以采用固结灌浆的方法。灌浆的孔距和排距,应通过试验性灌浆来确定;如果该地段为松散的土体,且地下水位较高,也可以采用挤密砂砾桩等加固法等。

在滑动变形较大时,建议对基础进行抗拉、抗变形设计。

3.8.2.2 塌陷区的加固处理

根据塌陷区内埋陷部分岩体的物质组成、结构特性和塌陷深度、范围及塌陷区的发展阶段等资料,有针对性地采用充填、灌浆等方法进行加固处理。

1) 完全充分塌陷区的加固处理

我们知道,所谓完全充分塌陷区,即冒落带、裂隙带和变形带已经形成,且各带间的地形地貌、变形特征等比较明显,属于典型的塌陷区。

对完全充分塌陷区进行加固处理,我们认为首先应在与建筑物轴线平行的方向,在建筑物地基两侧一定距离内设置帷幕,在剖面上对地基岩(土)体予以封堵。帷幕深度应进入煤层地板以下,进入煤层地板深度可视具体情况确定。两侧形成帷幕后,再对两帷幕间部分塌陷区进行固结处理。至于是采取单一充填灌浆方法,还是采用充填灌浆加固结灌浆的综合加固处理措施,应根据现场调查和勘察的实际资料及建筑物对地基的要求来确定。

2) 不完全塌陷区的加固处理

按照塌陷区发育阶段,不完全塌陷区即一般为塌陷发生的早、中期,局部因塌陷在开采后的空腔内形成垮塌堆积体,部分地段仍有空腔或空洞存在。

加固处理措施应根据调查和勘察资料,对空腔(洞)部分进行填充,之后再进行固结灌浆加固。如果人员、设备能够到达空腔(洞)部位,可在空腔(洞)内直接进行填充和固结灌浆,效果最好。充填材料可选择硬、软质材,达到充填密实的效果,不使上覆岩体垮塌或产生较大的变形。

对于空腔(洞)垮塌部分,按照完全充分塌陷区的加固处理方法进行加固。只要选材合理、方法得当,一般能够达到地基加固的技术要求。

对于塌陷区周边蠕滑岩(土)体加固处理,可参照蠕滑变形区加固处理方法进行。

3）未塌陷采空区加固处理

未塌陷采空区，即矿井顶板没有垮塌或仅有微弱的变形，开采后的空腔基本维持原状。对于地基下部的空腔加固处理要以充填为主，然后进行灌浆加固。但要充分考虑未充填部分空腔（洞）垮塌时，所引起的地表塌陷和周边蠕滑带的宽度、范围，合理确定充填加固的范围，不能因临近空腔（洞）的顶板垮塌而破坏建筑物地基岩（土）的完整性。

3.8.2.3　灌浆排距和孔距的确定

应根据灌浆和充填效果的检测成果确定，同时对浆液稠度和充填材料的砾径、强度等进行适时的调整。

3.8.2.4　运行监测

加固工程完成后，通过质量检测，在加强补强工作的同时，调整、完善地表变形监测网点，继续对地表变形进行监测，发现问题及时处理，以保障水利工程建筑物的安全运行。

第4章 结 语

近来年,作者参与了南水北调中线工程的一些技术活动,对工程岩土体的工程特性有些了解。工程沿线遇有黄土类土、膨胀土和煤矿采空区的地表塌陷区,具有区别于一般岩(土)体的特殊工程性质,因此应属于特殊性岩(土)体。由这些特殊性岩(土)体构成的工程环境,有着特殊的地质环境和环境地质问题。对此,作者谈了一些评价意见。

4.1 黄土类土

其物源基本上均为山西黄土高原东部 Q_3 黄土。但由于搬运方式和搬动距离的不同、成土环境的差异,使黄土类土的物理力学性质和工程特性亦有较大的不同。有的为自重湿陷性黄土;有的则为非自重湿陷性黄土类土,但在一定附加荷载作用下,又具有一定的湿陷性等。由于该土层基本处于地表或地表附近,因而对强夯加固的边界条件、排水和防渗设计的理论依据等,提出了作者的一些想法,这些想法是有理论依据的,可以作为工程设计的参考。

4.2 膨胀土

对于膨胀土构成的输水渠道地质环境而言,作者重点分析了以下几个问题:

(1)从土体微结构研究,基本了解了膨胀土体的水平向膨胀力大于垂直向的膨胀力的规律,尤其在固结程度较好或超固结膨胀土体中,此现象表现得更加明显。

(2)对于裂隙不发育土体,膨胀破坏仅局限在大气影响带范围之内,并且呈渐进式剥落破坏。此类渠道岸坡,只要及时做好有效的防护工程,隔绝空气、地表降水与土体的联系,岸坡土体稳定就不会受到太大的威胁。

(3)对于裂隙和层面均较发育且又有不同程度错动,或后期有构造裂隙发育的膨胀土渠道边坡,裂隙内次生充填黏土的膨胀性往往更强一些。对于此类膨胀土渠坡稳定工程的处理,只作换土和防渗工程能否有效,还应进行深入再研究。

(4)在裂隙发育或很发育的膨胀土渠坡稳定计算中,渠道边坡土体的下滑力中应增加土体的膨胀力;对于拟定的滑动层面或滑动面,均应采用其长期强度参数进行计算。

(5)对于重塑弱膨胀土,其膨胀性没有减弱,甚至个别样品有增强的趋势,这一现象可能与水易进入重塑样内有关。但采用弱膨胀土作为换填料,还是应该予以慎重对待。

4.3 煤矿采空区

作者对几个采空区地表沉降变形资料进行了简单分析。鉴于水利水电工程对地质环境的要求及工程失事对社会、经济和环境的影响程度,作者认为应采用避开的原则。对于避开距离的确定,应在地表塌陷区外增加"蠕动变形区",两者的范围以外,即为水利水电工程建筑物避开的距离。对所有计算参数,建议采用上覆岩(土)体和破裂结构面的长期强度;若地下水位较高或蠕滑体为膨胀土时,在下滑力中还应增加孔隙水压力和膨胀土体的水平向膨胀力。

参 考 文 献

[1] 北京地质学院地质教研室.土质学[M]. 北京:中国工业出版社,1961.

[2] 孙广忠.地质工程理论与实践[M]. 北京:地震出版社,1996.

[3] 华东水利学院土力学教研室.土工原理与计算[M]. 北京:水利出版社,1981.

[4] 周瑞光.岩石流变试验现状及展望[M]. 北京:海洋出版社,1992.

[5] 濮声荣.濮声荣水文工程地质论文专刊. 陕西水利水电技术,1998(2).

[6] 马国彦,等.黄河下游河道工程地质及淤积物物源分析[M]. 郑州:黄河水利出版社, 1997.

[7] 杨计申,等.海河流域平原区堤防工程地质研究[M].郑州:黄河水利出版社 2004.

[8] 张忠胤.关于结合水动力学问题[M]. 北京:地质出版社,1980.

[9] 林宗元.岩土工程勘察设计手册[M].沈阳:辽宁科学技术出版社,1996.

[10] 黄志全,等. 膨胀土现场抗剪试验研究[J].工程地质学报,2005(13).

[11] 李志祥,等.改性膨胀土路堤填筑含水量优化试验研究[J].工程地质学报,2005(13).

[12] 杨国录,季光明,等.南水北调中线工程渠系 HPZT 纤维膨胀岩土性能及应用研究[D].武汉:武汉大学.

[13] 毛尚元.非饱和膨胀土的土—水特征曲线研究[J].工程地质学报,2002(10).

[14] 曲永新,周瑞光.南水北调中线工程上第三系膨胀性硬黏土的工程地质特性研究[J].工程地质学报,2002(10).